JN233474

生物生産のための

制御工学

岡本嗣男 編集

朝倉書店

執 筆 者

岡本 嗣男（おかもと つぐお）	東京大学名誉教授
芋生 憲司（いもう けんじ）	東京大学大学院農学生命科学研究科助教授
村瀬 治比古（むらせ はるひこ）	大阪府立大学大学院農学生命科学研究科教授
川村 恒夫（かわむら つねお）	神戸大学農学部教授
野口 伸（のぐち のぼる）	北海道大学大学院農学研究科助教授
鬼頭 孝治（きとう こうじ）	三重大学生物資源学部助教授
梅田 幹雄（うめだ みきお）	京都大学大学院農学研究科教授
瀬尾 康久（せお やすひさ）	日本大学生物資源科学部教授 東京大学名誉教授

（執筆順）

序

　生物を利用して人間に必要な物質，すなわち食料，飼料，工業原料，燃料，薬品などを作る生物生産は，農林水産業として環境にやさしい永続的な産業である．農業就業者の減少した労働力不足の環境下で，農業生産，農産物調製加工などの生物生産において機械・装置の果たしている役割は広くまた重要である．そこでは扱う対象が軟弱で傷つきやすい植物や動物といった生物であるため，繊細で高精度な取り扱いのできる機能が求められる．このような機械・装置を実現して利用するためには制御工学の知識が不可欠となっている．

　農作業の機械化・自動化を例にとれば，エネルギーは人力・畜力から動力へ，制御方法は手動制御から自動制御へ，また制御装置は機械制御，電気制御・油圧制御から電子制御・コンピュータ制御へと発展してきた．最近では，知能をもった機械として農業ロボットの研究開発も盛んに進められている．さらに，自然との調和を持続しつつ生物生産活動を行うことを目指した新たな技術として，精密農業が注目を集めている．本書では，これらの生物生産を支える機械・装置にかかわる必須の知識や技術として，制御工学，知的制御，メカトロニクス，画像処理，コンピュータ，ロボットなどがとりあげられている．

　本書は制御工学が生物生産にかかわる機械・装置にどのように適用されまた役に立つかという観点から，その基本的な技術についてできるだけ具体的にかつ平易に解説したものである．学ぶ者にとって理解しやすく興味をもてるよう，難解な理論には踏み込まないで基礎的な理論と実用技術の説明に重点をおいた．また，理解を助けるための演習問題を用意した．大学の農学部，農業大学校などで機械を学ぶ学生の教科書として，あるいは研究開発にたずさわる方々にも大いに活用いただけるよう配慮した．

　本書の執筆にあたっては，それぞれ大学で研究・教育に活躍されている第一線の専門家にお願いした．ご協力いただいた執筆者の方々にお礼申し上げる．また，

この新たな教科書の刊行を示唆くださり，終始ご支援を賜った朝倉書店編集部に改めてお礼申し上げる．

2003 年 9 月

執筆者を代表して　岡　本　嗣　男

目　　次

1. **生物生産と制御工学** ……………………………………〔岡本嗣男〕…1
    1.1　農作業の機械化……………………………………………………………1
    1.2　農業機械の自動化…………………………………………………………1
    1.3　コンピュータとメカトロニクス…………………………………………2
    1.4　農業機械のコンピュータ制御……………………………………………2
    1.5　農業用ロボット……………………………………………………………3

2. **制御工学** ………………………………………………………………………5
    2.1　制御工学の基礎……………………………………〔岡本嗣男〕…5
        a.　制御工学とは……………………………………………………………5
        b.　フィードバック制御系の構成…………………………………………5
        c.　ラプラス変換……………………………………………………………6
    2.2　伝達関数……………………………………………………………………10
        a.　伝達関数の定義…………………………………………………………10
        b.　基本的な伝達要素の伝達関数…………………………………………11
        c.　ブロック線図……………………………………………………………13
    2.3　時間応答……………………………………………………………………14
        a.　一次遅れ要素の時間応答………………………………………………15
        b.　二次遅れ要素の時間応答………………………………………………15
    2.4　周波数応答…………………………………………………………………18
        a.　周波数伝達関数…………………………………………………………18
        b.　周波数特性………………………………………………………………19
    2.5　フィードバック制御系の構成…………………………〔芋生憲司〕…22
        a.　フィードフォワード制御とフィードバック制御……………………22
        b.　閉ループ系………………………………………………………………23
    2.6　フィードバック制御系の安定性…………………………………………24
        a.　系の安定性と伝達関数の極……………………………………………24

| | b. 特性方程式 ……………………………………………………………… 25
| | c. 開ループ伝達関数の周波数応答でみる閉ループ系の安定性………… 25
| | d. ナイキスト安定判別法 …………………………………………………… 27
| 2.7 | 制御系の応答特性 …………………………………………………………… 28
| | a. 定常偏差 …………………………………………………………………… 28
| | b. 過渡特性 …………………………………………………………………… 29
| 2.8 | 制御系の特性改善 …………………………………………………………… 29
| | a. サーボ系の特性改善 ……………………………………………………… 30
| | b. プロセス制御系の特性改善 ……………………………………………… 32
| 2.9 | ディジタル制御 ……………………………………………………………… 34
| | a. アナログ要素の離散化 …………………………………………………… 35
| | b. z 変換とパルス伝達関数 ……………………………………………… 37
| 演習問題 ………………………………………………………………………………… 40

3. 知的制御 ………………………………………………………〔村瀬治比古〕… 43
　3.1 ファジィ制御 ………………………………………………………………… 43
　　　a. ファジィ数 ………………………………………………………………… 43
　　　b. 制御への応用 ……………………………………………………………… 43
　3.2 人工知能 ……………………………………………………………………… 46
　　　a. エキスパートシステム …………………………………………………… 46
　　　b. 確信値 ……………………………………………………………………… 47
　　　c. 制御への応用 ……………………………………………………………… 48
　3.3 ニューラルネットワーク …………………………………………………… 50
　　　a. 基　礎 ……………………………………………………………………… 50
　　　b. 制御への応用 ……………………………………………………………… 54
　3.4 遺伝的アルゴリズム ………………………………………………………… 54
　　　a. 基　礎 ……………………………………………………………………… 54
　　　b. 制御系設計への応用例 …………………………………………………… 55
　演習問題 ………………………………………………………………………………… 57

4. メカトロニクス ………………………………………………〔川村恒夫〕… 59
　4.1 電子工学の基礎 ……………………………………………………………… 59

		a. 電気物理学 … 59

　　a. 電気物理学 …………………………………… 59
　　b. 電磁気学 ……………………………………… 59
　　c. 直流および交流回路 ………………………… 60
　4.2 電子デバイス ………………………………………… 64
　　a. N型半導体とP型半導体 …………………… 64
　　b. PN接合とダイオードの動作原理と特性 … 64
　　c. トランジスタの構造と動作原理 …………… 66
　　d. FETの構造と動作原理 ……………………… 67
　　e. 半導体の放熱設計の考え方 ………………… 67
　4.3 アナログ回路 ………………………………………… 69
　　a. OPアンプによる増幅回路 ………………… 69
　　b. OPアンプによるアクティブフィルター … 71
　4.4 ディジタル回路 ……………………………………… 72
　　a. 10進，2進，BCD，16進の関係 ………… 72
　　b. ブール代数，真理値表，基本論理操作 …… 72
　　c. ディジタルICの基本回路 ………………… 73
　4.5 センサと計測回路 …………………………………… 76
　　a. 抵抗系センサによる計測回路と例 ………… 76
　　b. コンデンサ系センサによる計測回路と例 … 77
　　c. コイル系センサによる計測回路と例 ……… 77
　4.6 制御機器 ……………………………………………… 77
　　a. リレー駆動回路 ……………………………… 77
　　b. DCモータ駆動回路 ………………………… 78
　　c. ステッピングモータ駆動回路 ……………… 78
　演習問題 ……………………………………………………… 79

5. **画像処理** ………………………………………〔野口　伸〕… 80
　5.1 ディジタル画像の基礎 ……………………………… 80
　　a. ビジョンセンサの原理 ……………………… 80
　　b. 画像の幾何学 ………………………………… 81
　　c. 色彩理論 ……………………………………… 84
　5.2 画像情報処理 ………………………………………… 85

a. 濃淡画像処理···85
　　　b. 画像の領域分割···90
　　　c. 画像認識··94
　5.3　3次元画像処理··95
　演習問題···97

6. コンピュータと生物生産機械··〔鬼頭孝治〕···98
　6.1　マイクロコンピュータ···98
　　　a. マイクロコンピュータの構成要素···98
　　　b. バ　ス···99
　　　c. CPUの基本構成···99
　　　d. CPUの制御···101
　　　e. CPUの演算···102
　6.2　インターフェース··103
　　　a. コンピュータシステムとインターフェース···103
　　　b. ディジタル入出力···105
　　　c. A/D変換とD/A変換···107
　6.3　プログラミング···111
　　　a. アセンブリ言語とC言語···111
　　　b. C言語の基礎···112
　　　c. C言語による制御プログラミング··114
　6.4　生物生産機械の制御··116
　　　a. コンピュータ制御の必要性···116
　　　b. 市販生物生産機械の制御例··118
　演習問題···118

7. 生物生産ロボット··〔梅田幹雄〕···120
　7.1　ロボット化の意義··120
　7.2　ロボットの種類と役割···120
　7.3　ロボットの構造···121
　　　a. ロボットの構成要素··121
　　　b. ボディ···121

		c. センス ……………………………………………………… 123
		d. インテリジェンス ………………………………… 127
7.4	ロボットの制御 ……………………………………………………… 127	
	a.	マニピュレータの制御 ……………………………… 127
	b.	自律走行車両の制御 ………………………………… 130
7.5	農業ロボット ……………………………………………………… 132	
	a.	収穫ロボット ………………………………………… 132
	b.	田植機とトラクタの自律走行 ……………………… 135
演習問題 ……………………………………………………………………… 136		

8. 農産食品加工におけるシステム制御—ファジィ制御によるバナナ追熟加工—
……………………………………………………………………〔瀬尾康久〕…137

8.1	バナナの追熟加工 ………………………………………………… 137	
8.2	追熟の制御因子 …………………………………………………… 137	
8.3	追熟制御の方法 …………………………………………………… 138	
8.4	ファジィ制御規則の設計 ………………………………………… 139	
8.5	バナナ追熟加工のファジィ制御 ………………………………… 141	
	a.	前件部 ………………………………………………… 141
	b.	後件部 ………………………………………………… 142
	c.	ファジィ変数のメンバーシップ関数 ……………… 142
	d.	変数台集合の規格化 ………………………………… 142
	e.	ファジィ制御規則 …………………………………… 142

演習問題解答 ……………………………………………………………………… 145
索　引 ……………………………………………………………………………… 153

1. 生物生産と制御工学

1.1 農作業の機械化

　農作業の機械化は，人体にとっての労働負担を軽減するとともに，作業の能率も上げたいという切実な願望から起こったものである．最初にとりあげられた機械化は，耕起作業であり，鍬をもちいての人力耕起から犂による畜力耕起，さらには耕うん機やトラクタによる動力耕起とすすむにつれ，マンパワーがマシンパワーに置き換えられていく過程がよくわかる．それにつれて作業能率は徐々に増大していった．しかし，作業精度の方は必ずしもそれに比例してよくなったわけではない．確かに，機械化によって作業者の肉体的負担は減少したけれども，作業精度をよくするためには，オペレータは機械操作に非常な努力を強いられることになり，精神的負担は逆に大きくなった．これは，作業のうち，機械化できる仕事だけを機械化して省力化をおこない，機械化の難しい部分の仕事だけを人間におしつけ，人間を機械に適合させようとした結果である．

1.2 農業機械の自動化

　このような背景から，自動化の要請が強くなり，フィードバック制御を中心とした自動制御技術が導入されることになった．各種農業機械を自動化することにより，機械操作におけるオペレータの負担を軽減し，作業能率のみならず，作業精度をも向上させることが可能になったのである．

　自動制御の目的は，人の代わりに制御装置で作業を代行して省力化を行うだけでなく，その他にも多くのメリットがあることを理解しておく必要がある．たとえば，人よりも高精度・高能率な作業能力，長時間運転，多様な作業環境への適応性など，農業機械への適用には大きなメリットがある．農作業においても，精度・能率・安全性などの向上を目的として，多くの農業機械に自動制御が利用され，生産効率や生産物の品質向上に貢献している．たとえば，動力噴霧機の圧力調節弁は，自動制御という言葉が一般化される前に使われていたし，トラクタのけん引力制御は早くからその便利さが認められ広く利用されている．最近では，

電子制御技術と半導体素子の発達により，マイクロプロセッサを用いたコンピュータ制御が，農業機械の制御にも一般的になってきた．

1.3　コンピュータとメカトロニクス

「メカトロニクス（mechatronics）」という用語が使われているが，これは「メカニクス（mechanics）」と「エレクトロニクス（electronics）」の合成語で，わが国の機械装置制御部分を設計する技術者のあいだで使われだした和製英語である．初期段階の自動化技術では，モータ，リレー，タイマーといった電気部品を使った電気制御技術が用いられ，機械装置で行っていた機能を電気制御回路の機能で置き換えることにより精度の高い作業を実現しようとした．シーケンスコントローラなどがその例である．

他方，トランジスタに代表される半導体や電子デバイスなどのエレクトロニクス技術の急速な進歩があり，それまでは個々の電子部品で構成されていたプリント基板上の回路を，数ミリ角のシリコン・ウエハ上に集積化した，LSI さらにはマイクロプロセッサを生みだした．このマイクロプロセッサの出現は，仕事の手順を示すプログラムを通して仕事を行うことを可能にし，機械制御システムの設計のためにはハードウエアのみならずソフトウエアが必要欠くべからざる要素となった．

1.4　農業機械のコンピュータ制御

農業機械分野へのコンピュータの応用は，柔軟な制御が可能なことや，CPU チップ，電子機器などの低価格化により，コストパフォーマンスの向上メリットが評価され，多くの適用例が見られ，実用化が進んでいる．以前はトラクタのドラフトコントロールやポジションコントロールでは機械的なメカニズムと油圧装置による制御系が組み込まれていたが，その後電子制御系が採用され，さらにはマイクロプロセッサの判断機能を利用したコンピュータ制御が一般的になってきた．収穫機では，自脱型コンバインのコンピュータ制御が最も高い技術レベルにある．コンバインでは，稲の流れは直列的に連続しているが，刈り取り，搬送，脱穀，穀粒の袋詰めといった作業は並列的に行われる．オペレータはさらに，機体の操向も行わなければならず，これらのすべての運転操作をオペレータが最適に実行することは困難であった．そのため自動化の要望がきわめて強く，機械・電気制御，コンピュータ制御と開発が進められた．コンバインの自動化では，刈高さ制

御, こぎ深さ制御, 負荷制御, 操向制御などの機能が CPU で制御されており, プログラムによるフレキシブルな対応が可能で, きめ細かな自動運転を実現している. また, 制御プログラムにファジィアルゴリズムを組み込み, 熟練者の経験を生かした自動制御も可能になっている. 近年, 農業ロボットの研究開発が進められている. その実現にとってコンピュータは頭脳としてなくてはならないものであり, 知能化を図る上でも中枢的役割を担うことになる.

1.5 農業用ロボット

産業用ロボットに関しては, わが国は最進国といわれ多方面にわたって導入されている. これらのロボットが, 制御可能な人工環境内で, 形状の決まった均質な対象物を扱うのに対して, 農業用ロボットでは, その対象が野外に生育する生物体であることが多い点が産業用ロボットと大きく異なるところである. 自然環境の影響を受けて, 時々刻々変化する対象に対しても, 柔軟に適応して対処できる機能ももっていないと, 適切な農作業はできない. このような機能は, 人が行っているのと同様な知的機能であり, 農業用ロボットは知的な推論と判断をみずから実行できる, 人工知能 (AI) ロボットということになる.

生物は, 軟弱で傷つきやすい物性であり, その取扱いは繊細かつソフトに行うことを要求される. また, 種類が多様であり, 形状も複雑で 3 次元空間に展開しているうえ, 生育の不揃いのため個体差が生じる. たとえば, 除草や間引き作業では, 作物と雑草の区別, 残すべき株と排除する株の判断, また収穫作業では, 野菜や果実の熟度 (収穫適期) の判定と選択収穫といったような, 知的推論と判断を必要とする.

さらに, 作物が生育する環境は, 圃場の状態, 傾斜地などのような地形的条件のほか, 季節, 天候, 時間といった自然条件の影響を受けるため, 常に変化する. また, 機械の移動する圃場面は, 自動車道とは異なり, 不整形で軟弱なうえ, スリップ, 沈下などは, 走行性や位置決め精度に重大な影響を与える. したがって, このような環境の中で作業を行うには, 不確定でしかも常に変化する環境に適応して自律的に実行できる知的機能と実行機能が不可欠である.

生物生産における作業は, 多種多様でありしかも季節性があるため, 各作業用の農業機械の利用は短期間に集中し, 他の産業用の機械に比べその年間稼働率はきわめて低いのが現状である. 機械設備への投資効果を上げるためにも, 機械の汎用性を高めて利用効率を上げる方向が必要である. ロボットはもともと人間に

似た機能を目指してきたものであるから，多くの面で柔軟な適応性を発揮できる可能性をもっており，農業分野においては大いに期待できるものと考えられる．

〔岡本嗣男〕

2. 制御工学

2.1 制御工学の基礎

a. 制御工学とは

対象（制御対象という）が希望の状態になるよう，機械，装置などに必要な操作を加えて調節することを制御（control）という．自脱型コンバインを稲列に沿って走行させる場合，オペレータによって操舵が行われるのを手動制御（manual control）といい，センサによって稲株を検出しながら制御装置によって自動走行が行われるのを自動制御（automatic control）という．人が行っていた動作を機械やコンピュータを使った制御装置に置き換えて目的どおりの作業を行うシステム全体を自動制御系という．

制御の対象になりうるものとしては，機械装置，生物，自然現象，社会現象などのように，外から何らかの作用を与えた（入力）ときにその影響が現れる（出力）ものであれば何でもよい．これを制御対象システムという．システムというのは入力と出力に因果関係があり，入力信号を出力信号に変換するものである．したがって，入力を操作して制御対象システムの出力を希望通りの状態に調節することが制御である．

b. フィードバック制御系の構成

フィードバック制御系の基本構成は図 2.1 のように表すことができる．これをブロック線図といい，矢印は信号の流れの方向を示す．まず，制御対象が希望どおりになっているか制御量（出力）c を検出部（センサなど）で調べてフィードバック信号が作られる．一方，希望の値である目標値（入力）r はポテンショメータなどの設定要素により基準入力（目標値と一定の関係にある）に変換される．比較器では基準入力とフィードバック信号の差が計算され動作信号 e となる．目標値と制御量の差を制御偏差といい，制御の目的はこの制御偏差をゼロにすることである．制御要素は制御偏差がなくなるように動作信号から操作量を作り，制御対象を操作する．制御対象の状態を乱そうとする外的要因を外乱（入力）とい

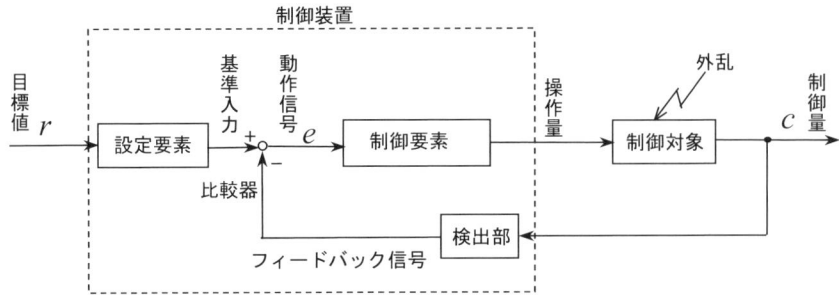

図 2.1 フィードバック制御系の構成

う．制御系の状態は，目標値が変化したり外乱が作用したときに変化する．このように，出力側（結果）の信号を入力側（原因）へ戻して制御偏差を修正する制御のことをフィードバック制御（feedback control）という．

実際の制御対象は応答に時間的な遅れがあり，すぐに制御偏差をゼロにできるわけではない．このように時間的変動特性をもっているものを動的システムと呼んでいる．そういった制御対象を制御するための制御系を設計するには，制御系を構成する信号伝達要素の動的モデルを作成する必要がある．その代表的な表現方法として，ラプラス変換を利用した伝達関数がある．

c. ラプラス変換
1) ラプラス変換の定義

時間 t の関数 $f(t)$ が $[0, \infty]$ において定義されているとき，そのラプラス変換（Laplace transform）は次式で定義される．

$$F(s) = \int_0^\infty f(t)e^{-st}dt \tag{2.1}$$

$f(t)$ は，右辺の無限積分が収束するように s を選べる関数とする．ここで s はラプラス演算子よばれる複素数で，式（2.1）を簡単に表記するために次のように書く．

$$F(s) = \mathscr{L}[f(t)] \tag{2.2}$$

実際にラプラス変換を行うときは，ラプラス変換の性質（表 2.1）を利用すればよい．また，主要な関数についてはラプラス変換表（表 2.2）も利用できる．

2.1 制御工学の基礎

表 2.1 ラプラス変換に関する主な定理

	定理	$\mathcal{L}[f(t)]$	$F(s)$
1	線形定理	$\mathcal{L}[af_1(t)+bf_2(t)]$	$aF_1(s)+bF_2(s)$
2	相似定理	$\mathcal{L}[f(t/a)]$	$aF(as)$
3	時間推移定理	$\mathcal{L}[f(t-a)]$	$e^{-as}F(s)$
4	複素推移定理	$\mathcal{L}[e^{-at}f(t)]$	$F(s+a)$
5	実微分定理	$\mathcal{L}[f'(t)]$ $\mathcal{L}[f^{(n)}(t)]$	$sF(s)-f(0_+)$ $s^n F(s)-\sum_{k=1}^{n}s^{n-k}f^{(k-1)}(0_+)$
6	複素微分定理	$\mathcal{L}[tf(t)]$ $\mathcal{L}[t^n f(t)]$	$-\dfrac{dF(s)}{ds}$ $(-1)^n \dfrac{d^n F(s)}{ds^n}$
7	初期値定理	$\lim_{t\to 0_+} f(t)$	$\lim_{s\to\infty} sF(s)$
8	最終値定理	$\lim_{t\to\infty} f(t)$	$\lim_{s\to 0} sF(s)$

表 2.2 ラプラス変換表

	$f(t)\;\; t>0$	$F(s)$		$f(t)\;\; t>0$	$F(s)$
1	$\delta(t)$	1	8	$-\dfrac{1}{a-b}(e^{-at}-e^{-bt})$	$\dfrac{1}{(s+a)(s+b)}$
2	$u(t),\;1$	$\dfrac{1}{s}$	9	$\sin\omega t$	$\dfrac{\omega}{s^2+\omega^2}$
3	$u(t-T)$	$\dfrac{1}{s}e^{-Ts}$	10	$\cos\omega t$	$\dfrac{s}{s^2+\omega^2}$
4	t	$\dfrac{1}{s^2}$	11	$e^{-at}\sin\omega t$	$\dfrac{\omega}{(s+a)^2+\omega^2}$
5	e^{-at}	$\dfrac{1}{s+a}$	12	$e^{-at}\cos\omega t$	$\dfrac{s+a}{(s+a)^2+\omega^2}$
6	$t^n e^{-at}$	$\dfrac{n!}{(s+a)^{n+1}}$	13	$\dfrac{1}{\omega_d}e^{-\zeta\omega_n t}\sin\omega_d t$ $\omega_d=\omega_n\sqrt{1-\zeta^2}$	$\dfrac{1}{s^2+2\zeta\omega_n s+\omega_n^2}$ $\zeta<1$
7	$\dfrac{1}{a}(1-e^{-at})$	$\dfrac{1}{s(s+a)}$	14	$1-\cos\omega t$	$\dfrac{\omega^2}{s(s^2+\omega^2)}$

【例題 2.1】 $f(t)=u(t)$ のラプラス変換を求めよ.ただし,$u(t)$ は単位ステップ関数(unit step function)であり,次式で定義される.

$$u(t)=1 \quad t>0$$
$$=0 \quad t\leq 0 \tag{2.3}$$

［解］ 式(2.1)を用いて

$$F(s) = \mathscr{L}[u(t)] = \int_0^\infty u(t)e^{-st}dt = \int_0^\infty 1 \cdot e^{-st}dt = -\frac{1}{s}\left[e^{-st}\right]_0^\infty$$
$$= -\frac{1}{s}(e^{-s\infty} - e^0) = \frac{1}{s} \tag{2.4}$$

【例題 2.2】 $f(t) = e^{-at}$ のラプラス変換を求めよ．

［解］ 式(2.1) を用いて
$$F(s) = \mathscr{L}[f(t)] = \int_0^\infty f(t)e^{-st}dt = \int_0^\infty e^{-at}e^{-st}dt = \int_0^\infty e^{-(a+s)t}dt$$
$$= -\frac{1}{s+a}\left[e^{-(a+s)t}\right]_0^\infty = -\frac{1}{s+a}(e^{-\infty} - e^0) \tag{2.5}$$
$$= \frac{1}{s+a}$$

【例題 2.3】 $f(t) = \cos\omega t$ のラプラス変換を求めよ．

［解］ $\cos\omega t = \left(e^{j\omega t} + e^{-j\omega t}\right)/2$ であるから，式(2.5)を用いて
$$F(s) = \mathscr{L}[\cos\omega t] = \mathscr{L}\left[\frac{e^{j\omega t} + e^{-j\omega t}}{2}\right] = \frac{1}{2}\left(\mathscr{L}[e^{j\omega t}] + \mathscr{L}[e^{-j\omega t}]\right)$$
$$= \frac{1}{2}\left(\frac{1}{s - j\omega} + \frac{1}{s + j\omega}\right) \tag{2.6}$$
$$= \frac{s}{s^2 + \omega^2}$$

【例題 2.4】 $f(t) = e^{-at}\cos\omega t$ のラプラス変換を求めよ．

［解］
$$F(s) = \mathscr{L}[f(t)] = \int_0^\infty e^{-at}\cos\omega t \cdot e^{-st}dt = \frac{1}{2}\int_0^\infty e^{-at}(e^{j\omega t} + e^{-j\omega t})e^{-st}dt$$
$$= \frac{1}{2}\left\{\frac{1}{(s+a) - j\omega} + \frac{1}{(s+a) + j\omega}\right\} \tag{2.7}$$
$$= \frac{s+a}{(s+a)^2 + \omega^2}$$

あるいは表 2.1 の複素推移定理を用いて求めてもよい．

2) ラプラス逆変換

ラプラス変換された関数 $F(s)$ は次のラプラス逆変換（inverse Laplace transform）によって元の時間関数 $f(t)$ に戻すことができる．
$$f(t) = \frac{1}{2\pi j}\int_{c-j\infty}^{c+j\infty} F(s)e^{st}ds \tag{2.8}$$

（一般に，$c = 0$ としてもよい）

式(2.8)を簡単に表記するために次のように書く．
$$f(t) = \mathscr{L}^{-1}[F(s)] \tag{2.9}$$

しかし，式(2.8)の複素積分は複雑であるため実際の計算は次の展開定理を使ってラプラス逆変換を行う．この定理により部分分数に展開してから表 2.2 のラプラス変換表を利用すればよい．

展開定理 $F(s)$ が次式で表されるものとする．

$$F(s) = \frac{A(s)}{B(s)} = \frac{a_m s^m + a_{m-1} s^{m-1} + \cdots\cdots + a_1 s + a_0}{b_n s^n + b_{n-1} s^{n-1} + \cdots\cdots + b_1 s + b_0} \quad (n > m) \tag{2.10}$$

ここで，s_1, s_2, ……, s_n を式(2.10)の極，すなわち

$$b_n s^n + b_{n-1} s^{n-1} + \cdots\cdots + b_1 s + b_0 = 0 \tag{2.11}$$

の根とすると，このラプラス逆変換は次のようになる．

(1) s_1, s_2, ……, s_n が単極（$B(s) = 0$ が相異なる単根）のとき，$F(s)$ は

$$\begin{aligned}F(s) &= \frac{A(s)}{b_n (s - s_1)(s - s_2) \cdots\cdots (s - s_n)} \\ &= \frac{C_1}{s - s_1} + \frac{C_2}{s - s_2} + \cdots\cdots + \frac{C_n}{s - s_n} = \sum_{i=1}^{n} \frac{C_i}{s - s_i}\end{aligned} \tag{2.12}$$

のように部分分数に展開できる．ここで，係数 C_i は

$$C_i = \lim_{s \to s_i} (s - s_i) F(s) = \frac{A(s_i)}{B'(s_i)} \tag{2.13}$$

である．したがって，式(2.12)のラプラス逆変換は次式のように求められる．

$$f(t) = \mathscr{L}^{-1}[F(s)] = \sum_{i=1}^{n} C_i \mathscr{L}^{-1}\left[\frac{1}{s - s_i}\right] = \sum_{i=1}^{n} C_i e^{s_i t} \tag{2.14}$$

(2) s_1 が k 重極で，s_{k+1}, ……, s_n が単極のとき，$F(s)$ は

$$\begin{aligned}F(s) &= \frac{A(s)}{b_n (s - s_1)^k (s - s_{k+1}) \cdots\cdots (s - s_n)} \\ &= \frac{C_{11}}{s - s_1} + \frac{C_{12}}{(s - s_1)^2} + \cdots\cdots + \frac{C_{1k}}{(s - s_1)^k} + \frac{C_{k+1}}{s - s_{k+1}} + \cdots\cdots + \frac{C_n}{s - s_n} \\ &= \sum_{i=1}^{k} \frac{C_{1i}}{(s - s_1)^i} + \sum_{i=k+1}^{n} \frac{C_i}{s - s_i}\end{aligned} \tag{2.15}$$

となる．ここで，係数 C_{1i} は

$$C_{1i} = \frac{1}{(k - i)!} \lim_{s \to s_1} \frac{d^{k-i}}{ds^{k-i}} \left\{ (s - s_1)^k F(s) \right\} \tag{2.16}$$

である．表 2.2 ラプラス変換表中，6 の関係を使えば式(2.15)のラプラス逆変換は次式のように求められる．

$$f(t) = \mathcal{L}^{-1}[F(s)] = \sum_{i=1}^{k} \frac{C_{1i}}{(i-1)!} t^{i-1} e^{s_1 t} + \sum_{i=k+1}^{n} C_i e^{s_i t} \tag{2.17}$$

【例題 2.5】 $F(s) = \dfrac{s+5}{(s+1)(s+3)}$ をラプラス逆変換せよ．

［解］ $(s+1)(s+3) = 0$ の根は

$$s_1 = -1, \quad s_2 = -3$$

である．$F(s)$ を部分分数に展開すると，

$$F(s) = \frac{C_1}{s+1} + \frac{C_2}{s+3}$$

ここに，

$$C_1 = \lim_{s \to -1}(s+1)F(s) = \lim_{s \to -1}\frac{s+5}{s+3} = 2$$

$$C_2 = \lim_{s \to -3}(s+3)F(s) = \lim_{s \to -3}\frac{s+5}{s+1} = -1$$

したがって，$f(t)$ は式(2.14)より

$$f(t) = 2e^{-t} - e^{-3t}$$

2.2 伝達関数

a. 伝達関数の定義

制御系を構成する要素は，入力信号を伝達して出力信号に変換することから図 2.2 のように伝達要素と呼ばれる．一般に，伝達要素の入力 $x(t)$ と出力 $y(t)$ の関係は次式のような線形微分方程式で表されるものが多い．

$$a_0 \frac{d^m y(t)}{dt^m} + a_1 \frac{d^{m-1} y(t)}{dt^{m-1}} + \cdots + a_m y(t)$$

$$= b_0 \frac{d^n x(t)}{dt^n} + b_1 \frac{d^{n-1} x(t)}{dt^{n-1}} + \cdots + b_n x(t) \tag{2.18}$$

しかし，伝達要素の性質を微分方程式のままで表現するとその扱いが大変複雑になるため，次に述べる伝達関数を使う．いま，上式の両辺をラプラス変換すると

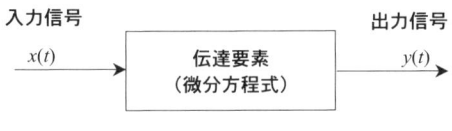

図 2.2 伝達要素

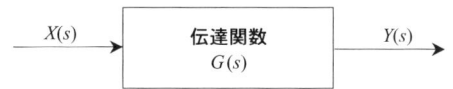

図 2.3　伝達関数

$$
\begin{aligned}
& a_0\left\{s^m Y(s) - \sum_{k=1}^{m} s^{m-k} y^{(k-1)}(0)\right\} + a_1\left\{s^{m-1} Y(s) - \sum_{k=1}^{m-1} s^{m-1-k} y^{(k-1)}(0)\right\} \\
& \quad + \cdots + a_{m-1}\{sY(s) - y(0)\} + a_m Y(s) \\
& = b_0\left\{s^n X(s) - \sum_{k=1}^{n} s^{n-k} x^{(k-1)}(0)\right\} + b_1\left\{s^{n-1} X(s) - \sum_{k=1}^{n-1} s^{n-1-k} x^{(k-1)}(0)\right\} \\
& \quad + \cdots + b_{n-1}\{sX(s) - x(0)\} + b_n X(s)
\end{aligned}
\tag{2.19}
$$

となる．この式においてすべての初期値を 0 として入力 $x(t)$ のラプラス変換 $X(s)$ と出力 $y(t)$ のラプラス変換 $Y(s)$ の比を求めると次式が得られる．

$$\frac{Y(s)}{X(s)} \equiv G(s) = \frac{b_0 s^n + b_1 s^{n-1} + \cdots + b_n}{a_0 s^m + a_1 s^{m-1} + \cdots + a_m} \tag{2.20}$$

ここで，$G(s)$ は伝達要素の性質のみによって決まり，初期値や入力波形には無関係な s の関数である．この $G(s)$ を伝達関数（transfer function）という．この式より，$y(t)$ のラプラス変換 $Y(s)$ は次式で表され，図 2.3 に示すように微分方程式の代わりに伝達関数で伝達要素の性質を表現できる．

$$Y(s) = G(s)X(s) \tag{2.21}$$

b.　基本的な伝達要素の伝達関数

1）比 例 要 素

出力 $y(t)$ が入力 $x(t)$ に比例する要素である．比例係数を k とすると

$$y(t) = kx(t) \tag{2.22}$$

で表され，伝達関数 $G(s)$ は次式のようになる．

$$G(s) = \frac{Y(s)}{X(s)} = k \tag{2.23}$$

この例としては，ポテンショメータの回転角と電圧出力，ばねの変位と復元力などがある．

2）積 分 要 素

入力を積分したものが出力となる要素である．

$$y(t) = K \int x(t) dt \tag{2.24}$$

ここに，K は定数である．この要素の伝達関数は

$$G(s) = \frac{Y(s)}{X(s)} = \frac{K}{s} \tag{2.25}$$

である．コンデンサの電流と電圧の関係，貯水タンクの流量と液面高さの関係などが積分要素の例である．

3) 微分要素

出力が入力の微分に比例する要素である．

$$y(t) = K\frac{dx(t)}{dt} \tag{2.26}$$

ここに，K は定数である．この要素の伝達関数は

$$G(s) = \frac{Y(s)}{X(s)} = Ks \tag{2.27}$$

である．タコジェネレータの回転軸角速度と発生電圧の関係はこの例である．

4) 一次遅れ要素

入力・出力が次の微分方程式で表される要素である．

$$a_0\frac{dy(t)}{dt} + a_1 y(t) = b_0 x(t) \quad (a_0, a_1, b_0 : 定数) \tag{2.28}$$

この要素の伝達関数は次式となる．

$$G(s) = \frac{Y(s)}{X(s)} = \frac{K}{1+Ts} \quad \left(T = \frac{a_0}{a_1},\ K = \frac{b_0}{a_1}\right) \tag{2.29}$$

5) 二次遅れ要素

入力・出力が次の微分方程式で表される要素である．

$$a_0\frac{d^2 y(t)}{dt^2} + a_1\frac{dy(t)}{dt} + a_2 y(t) = b_0 x(t) \quad (a_0, a_1, a_2, b_0 : 定数) \tag{2.30}$$

これより，伝達関数は次式で与えられる．

$$G(s) = \frac{Y(s)}{X(s)} = \frac{b_0}{a_0 s^2 + a_1 s + a_2} \tag{2.31}$$

6) むだ時間要素

出力が入力よりも $T_L[\mathrm{s}]$ だけ遅れる，すなわち

$$y(t) = x(t - T_L) \tag{2.32}$$

で表される要素である．表 2.1 の 3，時間推移定理より，伝達関数は

$$G(s) = \frac{Y(s)}{X(s)} = e^{-T_L s} \tag{2.33}$$

である．T_L をむだ時間という．

c. ブロック線図
1）ブロック線図による信号伝達
信号の伝達をわかりやすく視覚的に示すのがブロック線図である．基本的な記号を図 2.4 に示す．

制御系の構成が複雑になったときは表 2.3 の等価変換表を利用してひとまとめに整理することができる．

2）フィードバック制御系のブロック線図
図 2.1 に示したフィードバック制御系をブロック線図で表すと図 2.5 のようになる．各信号のあいだには次式に示されるような関係がある．

$$E(s) = H_1(s)R(s) - H_2(s)C(s) \tag{2.34}$$

$$C(s) = \{G_1(s)E(s) + D(s)\}G_2(s) \tag{2.35}$$

上の両式より出力および動作信号は次式のようになる．

$$C(s) = \frac{H_1(s)G_1(s)G_2(s)}{1+G_1(s)G_2(s)H_2(s)}R(s) + \frac{G_2(s)}{1+G_1(s)G_2(s)H_2(s)}D(s) \tag{2.36}$$

$$E(s) = \frac{H_1(s)}{1+G_1(s)G_2(s)H_2(s)}R(s) - \frac{G_2(s)H_2(s)}{1+G_1(s)G_2(s)H_2(s)}D(s) \tag{2.37}$$

ここで，ループ上にある伝達関数の積，$G_1(s)G_2(s)H_2(s)$ を一巡伝達関数または開ループ伝達関数という．

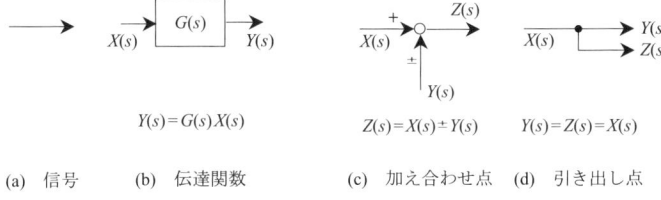

図 2.4　ブロック線図の基本記号

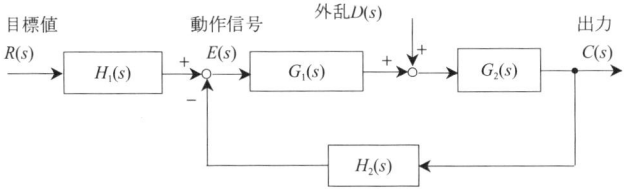

図 2.5　フィードバック制御系のブロック線図

表 2.3 ブロック線図の等価変換

	変換事項	変換前	変換後
1	伝達要素の交換	$X \to G_1 \to G_2 \to Y$	$X \to G_2 \to G_1 \to Y$
2	伝達要素と加え合わせ点との交換	$X \to G \to \pm \to Y$, Z 入力	$X \to \pm \to G \to Y$, $Z \to 1/G$
3	伝達要素と引き出し点との交換	$X \to G \to Y, Y$	$X \to G \to Y$, $X \to G \to Y$
4	加え合わせ点と引き出し点の交換	X, Z の加え合わせ → Y, Y	Z, X の加え合わせを経由
5	直結フィードバック系への変換	$X \to +/- \to G_1 \to Y$, G_2 フィードバック	$X \to 1/G_2 \to +/- \to G_1 G_2 \to Y$
6	フィードバックループの取り外し	$X \to +/- \to G_1 \to Y$, G_2 フィードバック	$X \to \dfrac{G_1}{1+G_1 G_2} \to Y$

2.3 時 間 応 答

制御系あるいは制御要素に入力信号を与えたときに出力される信号を応答といい，時間的な出力波形を時間応答という．ここでは制御系の特性を調べる際に利用される代表的なものとして単位ステップ関数 $u(t)$（例題 2.1 参照）をとりあげ，この信号が入力されたときの時間応答を求める．なお，単位ステップ関数入力に対する時間応答をステップ応答（step response）と呼んでいる．応答には，ステップ関数などが入力されてから十分に時間が経過したころまでの過渡応答（transient response）と，次項で説明する正弦波が入力されてから十分な時間が経過したあと

の周波数応答のように時間的に波形の特性が一定である状態の定常応答（steady response）がある．

a. 一次遅れ要素の時間応答

一次遅れ要素の伝達関数は前節で学んだように次式で表される．

$$G(s) = \frac{K}{1+Ts} \tag{2.38}$$

ここで，K をゲイン定数（gain constant），T を時定数（time constant）という．
入力 $x(t)=u(t)$ のラプラス変換は例題 2.1 を参照すると $X(s)=1/s$ である．出力 $y(t)$ のラプラス変換を $Y(s)$ とすると，展開定理により部分分数に展開すれば

$$Y(s) = G(s)X(s) = \frac{K}{1+Ts} \cdot \frac{1}{s} = \frac{K}{s} - \frac{K}{s+(1/T)} \tag{2.39}$$

であるから，時間応答 $y(t)$ は上式をラプラス逆変換して次式で求められる．

$$y(t) = \mathscr{L}^{-1}[Y(s)] = \mathscr{L}^{-1}\left[\frac{K}{s} - \frac{K}{s+(1/T)}\right] = K\left(1 - e^{-\frac{1}{T}t}\right) \tag{2.40}$$

上式を縦軸に $y(t)/K$，横軸に t/T をとって図示すると図 2.6 となる．$y(t)$ は時間 $t=T$ において最終値 K の 63.2% になることがわかる．

b. 二次遅れ要素の時間応答

次式の伝達関数で表される要素を二次遅れ要素という．

$$G(s) = \frac{b_0}{a_0 s^2 + a_1 s + a_2} \tag{2.41}$$

この要素は振動的応答を含むため，次の標準形で表すのが一般的である．

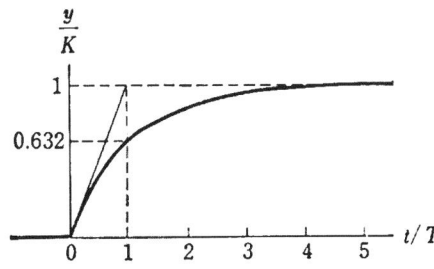

図 2.6　一次遅れ要素のステップ応答（松村，1979）

$$G(s) = \frac{K\omega_n^2}{s^2 + 2\zeta\omega_n s + \omega_n^2}$$

ここに, $\quad K = \dfrac{b_0}{a_2}, \quad \zeta = \dfrac{a_1}{2\sqrt{a_0 a_2}}, \quad \omega_n^2 = \dfrac{a_2}{a_0}$ (2.42)

K はゲイン定数(gain constant),ζ は減衰係数(damping ratio, damping factor),および ω_n は非減衰固有角周波数(undamped natural frequency)である.

単位ステップ入力に対する応答 $Y(s)$ は

$$Y(s) = G(s)\mathcal{L}[u(t)] = \frac{K\omega_n^2}{s^2 + 2\zeta\omega_n s + \omega_n^2} \cdot \frac{1}{s} \tag{2.43}$$

$Y(s)$ の極 s を s_0, s_1, s_2 とするとそれぞれ次のようになる.

$$\left. \begin{array}{l} s_0 = 0 \\ s_1 = -\zeta\omega_n + \omega_n\sqrt{\zeta^2 - 1} \\ s_2 = -\zeta\omega_n - \omega_n\sqrt{\zeta^2 - 1} \end{array} \right\} \tag{2.44}$$

ここで,s_1, s_2 は ζ の値によって,異なる実根,重根または共役複素根となる.

1) $\zeta > 1$ のとき(異なる2実根)

s_1, s_2 はいずれも負の実数である.いま,$s_1 = -1/T_1$,$s_2 = -1/T_2$ とおくと,$s_1 s_2 = \omega_n^2 = 1/T_1 T_2$ となるから

$$\begin{aligned} Y(s) &= \frac{K s_1 s_2}{(s - s_1)(s - s_2)} \cdot \frac{1}{s} = \frac{K}{(T_1 s + 1)(T_2 s + 1)} \cdot \frac{1}{s} \\ &= K\left(\frac{1}{s} + \frac{T_1}{T_2 - T_1} \cdot \frac{1}{s + 1/T_1} + \frac{T_2}{T_1 - T_2} \cdot \frac{1}{s + 1/T_2}\right) \end{aligned} \tag{2.45}$$

であり,2つの一次遅れ要素の積となっている.これをラプラス逆変換して

$$y(t) = \mathcal{L}^{-1}[Y(s)] = K\left(1 + \frac{T_1}{T_2 - T_1}e^{-\frac{1}{T_1}t} + \frac{T_2}{T_1 - T_2}e^{-\frac{1}{T_2}t}\right) \tag{2.46}$$

が得られる.この応答は図2.7のように非振動的である.

2) $\zeta = 1$ のとき(重根)

$s_1 = s_2 = \omega_n$ である.$T = 1/\omega_n$ とおくと

$$Y(s) = \frac{K}{s(Ts + 1)^2} = K\left\{\frac{1}{s} - \frac{1}{T} \cdot \frac{1}{(s + 1/T)^2} - \frac{1}{s + 1/T}\right\} \tag{2.47}$$

であるから,ステップ応答は次式のように求められる.

$$y(t) = \mathcal{L}^{-1}[Y(s)] = K\left\{1 - \left(1 + \frac{1}{T}t\right)e^{-\frac{1}{T}t}\right\}$$

2.3 時間応答

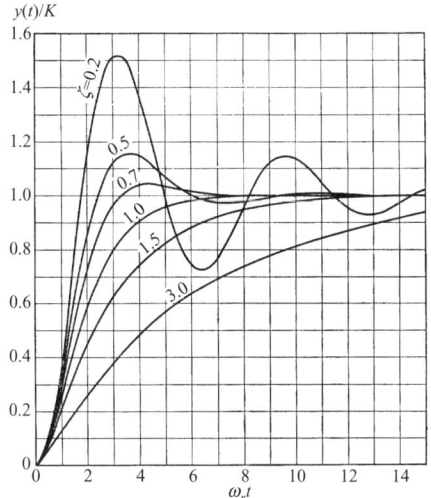

図 2.7　二次遅れ要素のステップ応答（松村，1979）

この場合も非振動的な応答となる（図 2.7）．

3) $0<\zeta<1$ のとき（共役複素根）

式(2.43) を変形すると

$$Y(s) = \frac{K\omega_n^2}{s^2 + 2\zeta\omega_n s + \omega_n^2} \cdot \frac{1}{s}$$
$$= K\left\{\frac{1}{s} - \frac{s+\zeta\omega_n}{(s+\zeta\omega_n)^2 + \omega_n^2(1-\zeta^2)} - \frac{\zeta}{\sqrt{1+\zeta^2}} \cdot \frac{\omega_n\sqrt{1-\zeta^2}}{(s+\zeta\omega_n)^2 + \omega_n^2(1-\zeta^2)}\right\}$$

(2.48)

であるから，表 2.2 ラプラス変換表の 11，12 の関係を利用すると，次式のようにステップ応答を求めることができる．この応答を図示したものが図 2.7 である．

$$y(t) = \mathscr{L}^{-1}[Y(s)] = K\left\{1 - e^{-\zeta\omega_n t}\left(\cos\sqrt{1-\zeta^2}\,\omega_n t + \frac{\zeta}{\sqrt{1-\zeta^2}}\sin\sqrt{1-\zeta^2}\,\omega_n t\right)\right\}$$
$$= K\left\{1 - \frac{1}{\sqrt{1-\zeta^2}}e^{-\zeta\omega_n t}\sin\left(\sqrt{1-\zeta^2}\,\omega_n t + \tan^{-1}\frac{\sqrt{1-\zeta^2}}{\zeta}\right)\right\}$$

(2.49)

$0<\zeta<1$ の場合は，この図のように振動的応答波形を示す．また，ζ の値が小さくなるほど振動の振幅が大きくなることもわかる．

2.4 周波数応答

前項においてはステップ応答により制御系の過渡的な応答特性を評価できることを学んだ．ここでは入力として正弦波を与えたときの応答を取り扱う．線形の制御系に正弦波入力を加え，時間が十分経過したあとの波形を観察すると，それは入力と同じ周波数の正弦波であるが振幅と位相が異なっていることがわかる．このように，過渡応答が消滅したあとの応答を周波数応答といい，振幅と位相は正弦波周波数の関数となる．周波数応答も定常応答の1つである．

a. 周波数伝達関数

伝達要素 $G(s)$ に正弦波 $A\sin\omega t$ が入力されたときの定常応答を $B\sin(\omega t+\phi)$ とする．表2.2ラプラス変換表の9を使えば出力 $y(t)$ のラプラス変換 $Y(s)$ は次のようになる．

$$Y(s) = G(s)\mathscr{L}[A\sin\omega t] = G(s)\frac{A\omega}{s^2+\omega^2}$$
$$= \frac{C_1}{s-s_1} + \cdots + \frac{C_i}{s-s_i} + \cdots + \frac{C_n}{s-s_n} + \frac{k_1}{s-j\omega} + \frac{k_2}{s+j\omega} \quad (2.50)$$

展開定理を使えば，k_1 および k_2 は次式で求められる．

$$\left.\begin{aligned} k_1 &= A\frac{G(j\omega)}{2j} = A\frac{|G(j\omega)|e^{j\phi}}{2j} \\ k_2 &= A\frac{G(-j\omega)}{-2j} = A\frac{|G(j\omega)|e^{-j\phi}}{-2j} \end{aligned}\right\} \quad (2.51)$$

ただし，ϕ は複素数 $G(j\omega)$ の偏角とする．したがって，応答 $y(t)$ は

$$\begin{aligned} y(t) &= \mathscr{L}^{-1}[Y(s)] = \sum_{i=1}^{n} C_i \mathscr{L}^{-1}\left[\frac{1}{s-s_i}\right] + k_1 \mathscr{L}^{-1}\left[\frac{1}{s-j\omega}\right] + k_2 \mathscr{L}^{-1}\left[\frac{1}{s+j\omega}\right] \\ &= \sum_{i=1}^{n} C_i e^{s_i t} + k_1 e^{j\omega t} + k_2 e^{-j\omega t} \end{aligned} \quad (2.52)$$

である．s_i の実部は負としてよいから，$t\to\infty$ のとき $\to 0$ となり，時間が十分経過したあとの応答，すなわち定常応答は

$$\begin{aligned} y(t) &= k_1 e^{j\omega t} + k_2 e^{-j\omega t} \\ &= |G(j\omega)|A\left[\frac{e^{j(\omega t+\phi)}}{2j} - \frac{e^{-j(\omega t+\phi)}}{2j}\right] \\ &= |G(j\omega)|A\sin(\omega t+\phi) \\ &= B\sin(\omega t+\phi) \end{aligned} \quad (2.53)$$

2.4 周波数応答

角周波数ωの正弦波入力に対する応答の伝達関数を周波数伝達関数といい，

$$G(j\omega) = |G(j\omega)|e^{j\phi} = G(s)|_{s=j\omega} = \frac{Y(j\omega)}{X(j\omega)} \tag{2.54}$$

となる．すなわち，伝達関数 $G(s)$ において $s=j\omega$ を代入したものが周波数伝達関数 $G(j\omega)$ である．正弦波入力と出力の振幅比 B/A をゲイン（gain），ϕ を位相（phase）といい次のような関係がある．

$$|G(j\omega)| = \frac{B}{A} \qquad \angle G(j\omega) = \phi \tag{2.55}$$

b. 周波数特性

周波数伝達関数のゲインおよび位相は入力の角周波数ωの関数である．角周波数ωが変化したときのゲインと位相への影響を周波数特性といい，これらの特性を図示する方法としてベクトル軌跡（vector locus）およびボード線図（Bode diagram）がよく使われる．

1) ベクトル軌跡

図 2.8 に示すように，ωを変化させたときベクトル $G(j\omega)$ の先端が描く軌跡である．ωを$-\infty<\omega<+\infty$ の範囲で変化させたときの軌跡をナイキスト線図（Nyquist diagram）といい，制御系の安定判別に使われる．

2) ボード線図

縦軸にゲイン G_{dB} および位相$\phi(\omega)$をとり，横軸に $\log_{10}\omega$ をとって描いた線図(図 2.9)である．$G_{dB}=20\log_{10}|G(j\omega)|$ であり，G_{dB} の単位はデシベル（dB）である．

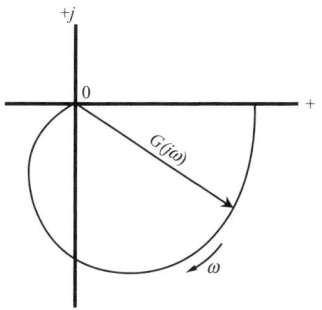

図 2.8 ベクトル軌跡（松村，1979）

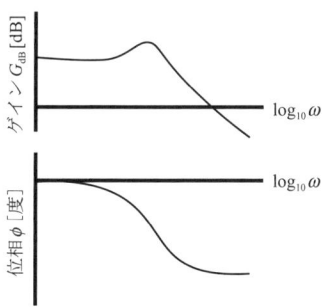

図 2.9 ボード線図（松村，1979）

3) 積分要素の特性

積分要素の伝達関数は K/s であるから，

$$G(j\omega) = \frac{K}{j\omega} = \frac{K}{\omega} e^{-\frac{\pi}{2}j} \tag{2.56}$$

したがってベクトル軌跡は図 2.10 のようになる．また，ゲイン G_{dB} と位相 ϕ は

$$\left.\begin{array}{l} G_{dB} = 20\log_{10}\dfrac{K}{\omega} = 20\log_{10} K - 20\log_{10}\omega \\[6pt] \phi = -\dfrac{\pi}{2} = -90° \end{array}\right\} \tag{2.57}$$

となる．$K=1$ のときのボード線図を描くと図 2.11 のようになる．

4) 一次遅れ要素の特性

一次遅れ要素の伝達関数に $s=j\omega$ を代入すればよい．

$$G(j\omega) = \left.\frac{K}{1+Ts}\right|_{s=j\omega} = \frac{K}{1+j\omega T} \tag{2.58}$$

$$\left.\begin{array}{l} G_{dB} = 20\log_{10}\left|\dfrac{K}{1+j\omega T}\right| = 20\log_{10}\dfrac{K}{\left(1+\omega^2 T^2\right)^{\frac{1}{2}}} \\[6pt] \qquad = 20\log_{10} K - 10\log_{10}\left(1+\omega^2 T^2\right) \\[6pt] \phi = -\tan^{-1}\omega T \end{array}\right\} \tag{2.59}$$

ゲイン曲線は K の値の変化で上下に移動する．図 2.12 は $K=1$ のときのボード線図である．ただし，$\omega_1=1/T$ とする．ゲイン特性は 2 本の線が $\omega/\omega_1=1$ の点で交わっている折線で近似できる．この点を折点，そのときの周波数を折点角周波数という．

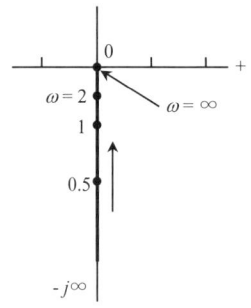

図 2.10 $1/s$ のベクトル軌跡（松村，1979）

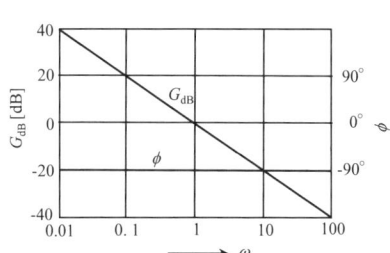

図 2.11 $1/s$ のボードの線図（松村，1979）

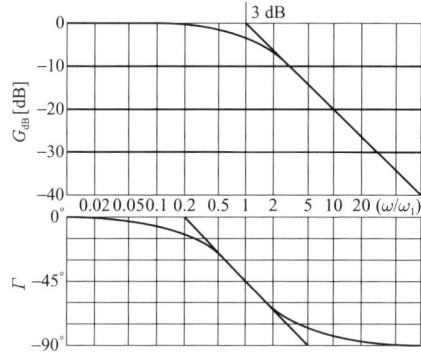

図 2.12 $1/(1+Ts)$ のボード線図（松村, 1979）

5) 二次遅れ要素の特性

二次遅れ要素の伝達関数に $s=j\omega$ を代入すると

$$G(j\omega) = \left.\frac{K\omega_n^2}{s^2 + 2\zeta\omega_n s + \omega_n^2}\right|_{s=j\omega}$$

$$= \frac{K\omega_n^2}{\omega_n^2 - \omega^2 + 2j\zeta\omega_n\omega} = \frac{K}{1-\left(\dfrac{\omega}{\omega_n}\right)^2 + 2j\zeta\left(\dfrac{\omega}{\omega_n}\right)} \quad (2.60)$$

$$\left.\begin{array}{l} G_{db} = -10\log_{10}\left[\left\{1-\left(\dfrac{\omega}{\omega_n}\right)^2\right\}^2 + \left\{2\zeta\left(\dfrac{\omega}{\omega_n}\right)\right\}^2\right] + 20\log_{10}K \\[2ex] \phi = -\tan^{-1}\dfrac{2\zeta\left(\dfrac{\omega}{\omega_n}\right)}{1-\left(\dfrac{\omega}{\omega_n}\right)^2} \end{array}\right\} \quad (2.61)$$

ゲイン曲線は K の値の変化で上下に移動する．図 2.13 は $K=1$ のときのボード線図である．ゲインおよび位相とも ω/ω_n の関数となっている．また，ゲイン曲線は $\zeta < 1/\sqrt{2} = 0.707$ のときにピークをもつ．ゲイン曲線が極大値となるときの周波数を共振角周波数 ω_p（resonance angular frequency），そのときのゲインの値を共振値 M_p といい，それぞれ次式で求めることができる．

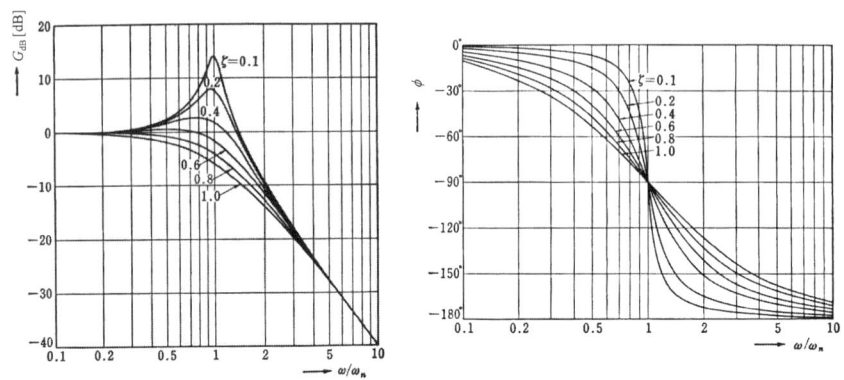

図 2.13 二次遅れ要素のボード線図 (近藤, 他, 1977)

$$\left.\begin{array}{l}\omega_p = \sqrt{1-2\zeta^2}\,\omega_n \\ M_p = \dfrac{1}{2\zeta\sqrt{1-\zeta^2}}\end{array}\right\} \quad (2.62)$$

〔岡本嗣男〕

2.5 フィードバック制御系の構成

a. フィードフォワード制御とフィードバック制御

制御の方法には，図 2.1 に示したフィードバック制御 (feed back control) とフィードフォワード制御 (feed forward control) がある．これらの違いを直感的に理解するため，図 2.14 に示すように，自動車の運転を考えてみよう．自動車を一定の速度で運転する際，運転手はどういう操作をするだろうか．通常はスピードメ

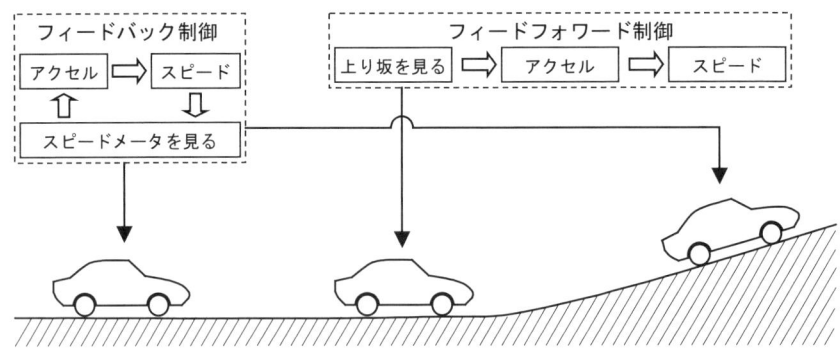

図 2.14 運転手による自動車の定速制御

ータを見てアクセルを操作する．制御の結果であるスピードを検出して，目標値との差をなくすように操作をするので，これはフィードバック制御である．ところが上り坂を見ると，アクセルを踏み込む．そのままでは坂で速度が低下することを知っているからであり，制御の遅れをなくすための操作である．これはフィードフォワード制御である．フィードフォワード制御は，外乱を検知でき，かつその影響を予測できる場合に有効であり，俊敏な制御を行うことができる．しかし制御量を正確に目標値に近づけようとすると，それだけでは不十分であり，フィードバックが必要になる．フィードバック制御では，外乱や制御対象の特性が完全に既知でなくても制御量を目標値に近づけることができる．しかし結果に基づいて制御を行うため時間遅れが生じる．

b. 閉ループ系

フィードバック制御では，出力信号が入力信号として戻され，信号の伝達経路が循環回路を構成する．このような系を閉ループ系（closed loop system）という．図2.15に示す単純化された閉ループ系の伝達関数は次式で表される．これは表2.3の6に記載したとおりである．

$$\frac{Y(s)}{X(s)} = \frac{G(s)}{1+G(s)H(s)} \quad (2.63)$$

この式を閉ループ伝達関数（closed loop transfer function）という．この系では入力$X(s)$からフィードバック信号$H(s)Y(s)$を減算し，$G(s)$に入力している．このようにフィードバック信号を減算して再入力することを負帰還（negative feedback）という．簡単のため$H(s)=1$とすると，制御偏差$X(s)-Y(s)$が$G(s)$に入力されることになる．フィードバック制御系ではこうして偏差を小さくするような制御が行われる．

それではフィードバック信号を加算する正帰還というのはあるのだろうか．正帰還（positive feedback）は増幅回路などで用いられるが，自動制御では偏差を小さ

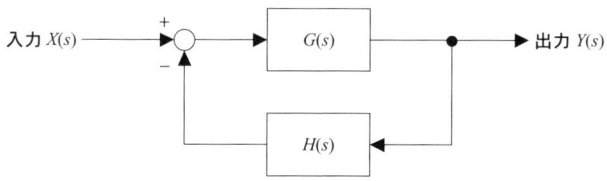

図 2.15 単純化された閉ループ系

くすることが目的であるので，通常は負帰還のみを取り扱う．

2.6 フィードバック制御系の安定性

a. 系の安定性と伝達関数の極

目標値が変更されると一時的に制御量が変動する過渡現象が生じるが，よく設計された制御系では短時間のうちにそれが消えて，制御量は一定の値に落ち着く．このように目標値の変化や外乱がなくなった後，過渡現象が消えて再び一定の状態になる系を安定（stable）であるという．これに対して不安定（unstable）な制御系では制御量が発散していくことがある．なぜこのような現象が起きるのか，まずはフィードバックを考慮せずに，一般的な伝達関数のかたちと，そのステップ応答の関係を考えてみよう．伝達関数 $G(s)$ は一般に s の m 次多項式 $N(s)$ と n 次多項式 $D(s)$ により，以下のような分数の形で表される．通常の制御系では分母 $D(s)$ の次数の方が大きいので，ここでもそのように仮定する．

$$G(s) = \frac{N(s)}{D(s)} \tag{2.64}$$

系の単位ステップ応答は伝達関数に $1/s$ をかけて得られる．これを $Y(s)$ とすると，

$$Y(s) = \frac{N(s)}{D(s)} \frac{1}{s} \tag{2.65}$$

時間応答 $y(t)$ はこれをラプラス逆変換して得られるが，そのためには右辺を部分分数に分解しなければならない．そこで，$D(s)$ を次のように因数分解する．

$$D(s) = a(s - \lambda_1)(s - \lambda_2)\cdots\cdots(s - \lambda_n) \tag{2.66}$$

λ_i ($i = 1 \sim n$) は方程式 $D(s) = 0$ の解であり，伝達関数 $G(s)$ の極（pole）と呼ばれる．簡単のため極がすべて異なる値であると仮定すると，式(2.65)は，次式のように分解される．

$$Y(s) = \frac{k_0}{s} + \frac{k_1}{s - \lambda_1} + \frac{k_2}{s - \lambda_2} + \cdots\cdots + \frac{k_n}{s - \lambda_n} \tag{2.67}$$

時間応答 $y(t)$ は式(2.67) 右辺の各項に対応する成分をもち，各成分の形は極 λ_i の値により決まる．$\lambda = \sigma + j\omega$ とおくと，極の値とそれに対応するステップ応答は図2.16 のようにまとめられる．極が複素数 $\sigma + j\omega$ のときはその共役複素数 $\sigma - j\omega$ も極であり，ステップ応答は $e^{\sigma t}\sin(\omega t + \phi)$ を含むことになる．図から伝達関数に実部が正の値をもつ極が 1 つでもあれば，出力が発散し，系が不安定であることがわかる．

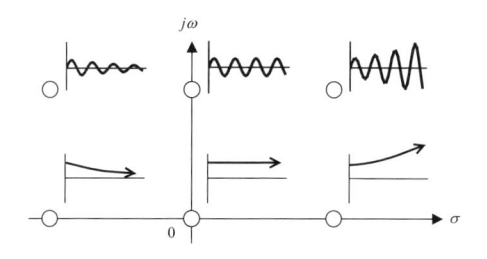

図 2.16 伝達関数の極とステップ応答

b. 特性方程式

閉ループ系の伝達関数は式(2.63)で表される．したがってこの式の極，すなわち，

$$G(s)H(s)+1=0 \tag{2.68}$$

の解の実部がすべて負であれば，このフィードバック制御系は安定していることになる．式(2.68)は制御系の特性方程式（characteristic equation）と呼ばれる．特性方程式とは，見方を変えると開ループ伝達関数 $G(s)H(s)$ を -1 に等しいとおいた方程式である．

例をあげて制御系の安定性を調べてみよう．図2.15 のフィードバック系において，

$$G(s)=\frac{34}{s^2+6s}, \qquad H(s)=1 \tag{2.69}$$

とする．これを式(2.68)に代入すると，特性方程式は，

$$G(s)H(s)+1=\frac{34}{s^2+6s}+1=0 \tag{2.70}$$

その解は，

$$\lambda_1, \lambda_2 = -3 \pm 5j \tag{2.71}$$

となり，双方の実部が負であるから系は安定であることがわかる．

c. 開ループ伝達関数の周波数応答でみる閉ループ系の安定性

制御系の中には開ループ伝達関数が不安定でも閉ループ伝達関数が安定になるものがあるが，初期の段階でこのようなシステムを取り扱うことはまれである．これと反対に開ループ伝達関数が安定でも閉ループ伝達関数が不安定になる場合があり，これは重要である．

例として図 2.15 の伝達要素 $G(s)$ が 3 つの 1 次遅れ要素から構成されるものとし，

$$G(s) = \frac{K}{(s+1)(s+2)(s+3)}, \qquad H(s)=1 \qquad (2.72)$$

とおく．この場合，開ループ伝達関数は安定しているが，閉ループ伝達関数の安定性はゲイン K の大きさにより変化する．図 2.17 は K を 30，60，90 とおいた場合の単位ステップ応答を示す．

この系は $K<60$ で安定しており，$K>60$ では不安定となる．$K=60$ のとき安定限界で，出力は定常振動となる．K の値により安定性が変わる原因を理解するため，$G(s)$ の周波数応答を調べてみると，$\omega=\sqrt{11}$ のとき，$G(j\omega)=-K/60$ となる．ここで $K=60$ とすると，角周波数 $\sqrt{11}$ の正弦波信号 A が $G(s)$ に入力された場合，定常状態では図 2.18 に示すように伝達要素 $G(s)$ の出力側に振幅が A と同じで位相が半周期分遅れた信号 B があらわれる．フィードバック系ではこの信号を入力から減算して，$G(s)$ に再入力する．これは同位相の信号を加算することと同じである．そこで，入力の変化や外乱など何らかの原因で閉ループ内に角周波数 $\sqrt{11}$ の定常振動が生じた場合，その原因となる外部からの信号が取り除かれた後も振動がそのまま維持される．しかし，$K<60$ の場合は $G(j\omega)$ のゲインが 1 未満なので，信

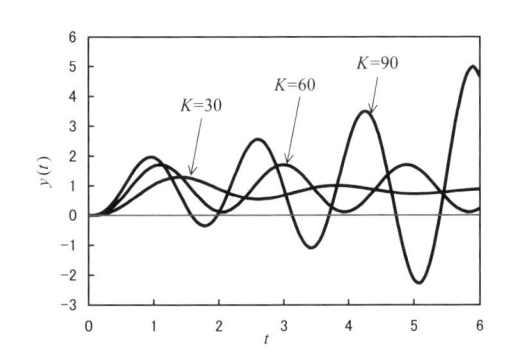

図 2.17 $G(s) = \dfrac{K}{(s+1)(s+2)(s+3)}$，$H(s)=1$ の閉ループ系の単位ステップ応答

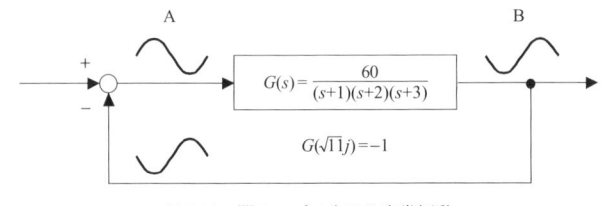

図 2.18 閉ループに生じる定常振動

号が閉ループを循環するうちに振動が減衰し，出力が安定する．一方，$K>60$ の場合は，ゲインが 1 より大きいので，振動が増幅され続ける．このような不安定系の場合，$\omega=\sqrt{11}$ の信号が意図的に入力されなくても，入力の変化や外乱に含まれる微少な成分がフィードバック系でとらえられ，増幅され続けることになる．

d. ナイキスト安定判別法

特性方程式により制御系の特性を調べることができるが，系が複雑で高次になってくると，特性方程式を解くことが困難になってくる[注]．そこで，開ループの周波数応答から制御系の安定性を判断する方法として，ベクトル軌跡（ナイキスト線図）による判別法がある．周波数応答は伝達関数の s に $j\omega$ を代入して簡単に計算できる．また，制御系の数学モデルが与えられていない場合でも実験により開ループの周波数応答を得て，ベクトル軌跡を描くことができる．ナイキスト安定判別法では開ループ伝達関数のベクトル軌跡を用いる．開ループ伝達関数が安定である場合は，次の手続きにより閉ループ伝達関数の安定判別を行える．

注：最近ではコンピュータにより複雑な方程式でも手軽に解くことが出来るようになったが，数値的な解法であり，丸め誤差が極の結果を大きく変化させる場合がある．

—— 簡略化されたナイキストの安定判別 ——

① 開ループ伝達関数が不安定極（実部が正の極）をもたないことを確認する．
② $\omega=0\sim\infty$ の範囲で開ループ伝達関数のベクトル軌跡を描く．
③ ベクトル軌跡の上を ω が増加する方向に進んだとき，点 -1 を常に左に見る

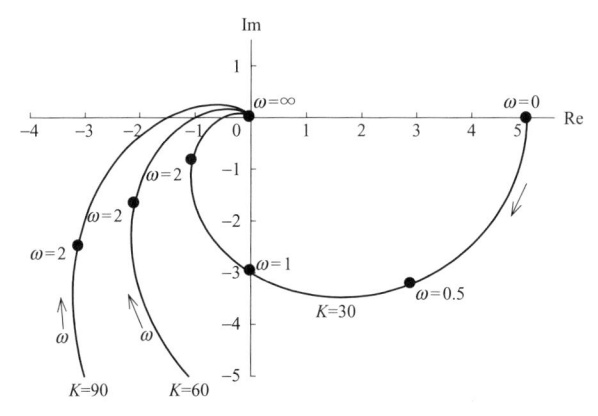

図 2.19 ナイキスト線図による安定判別

ように動けば系は安定であり，右に見れば不安定である．

例として，図 2.17 に示した系のベクトル軌跡を図 2.19 に描いてみる．ω が増加する方向にベクトル軌跡の上を進むと，ゲイン $K=30$ の場合には点 $(-1,0)$ を左に見ているので安定，$K=90$ の場合には右に見ているので不安定，$K=60$ では点 $(-1,0)$ の上を通過するので安定限界となる．この場合，曲線が点 $(-1,0)$ の上を通るということは，開ループ伝達関数の入出力位相差が π となる周波数において，ゲインが 1 に等しいということであり，前節の説明と同じである．

2.7 制御系の応答特性

a. 定常偏差

安定な制御系では目標値を変化させてから十分な時間が経過すると，制御量が一定の値に落ち着く．このとき目標値と制御量が完全に一致しないことがあり，この差を定常偏差（steady-state error）という．特に位置決め制御においては定常偏差を小さくすることが重要である．定常偏差を求めるには次式を用いる．これはラプラス変換の最終値定理（表 2.1 参照）であり，$sX(s)$ の全ての極で実部が負であれば成り立つ．

$$\lim_{t \to \infty} x(t) = \lim_{s \to 0}[sX(s)] \tag{2.73}$$

図 2.15 のフィードバック系において，単位ステップ応答に関する定常偏差を求めてみよう．式（2.63）に単位ステップ入力 $X(s)=1/s$ を代入すると，出力 $Y(s)$ が得られる．これより，偏差 $E(s)$ は次式で表される．

$$E(s) = X(s) - Y(s) = \left\{1 - \frac{G(s)}{1+G(s)H(s)}\right\}\frac{1}{s} \tag{2.74}$$

式（2.74）を用いると，定常偏差 ε が次式のように得られる．

$$\varepsilon = \lim_{s \to 0}[sE(s)] = 1 - \frac{G(0)}{1+G(0)H(0)} \tag{2.75}$$

$H(s)=1$ の場合は簡単になり，

$$\varepsilon = \frac{1}{1+G(0)} \tag{2.76}$$

である．この場合，残留偏差を小さくするには $G(0)$ を大きくすればよい．伝達関数 $G(s)$ が積分要素 $1/s$ を含む場合は，$s \to 0$ において $G(s) \to \infty$ となるので，定常偏差はゼロになる．このことは，少しでも残留偏差があるとその積分値がどんどん大きくなり，系は偏差をなくす方向に動くからである，と考えると理解しやすい．

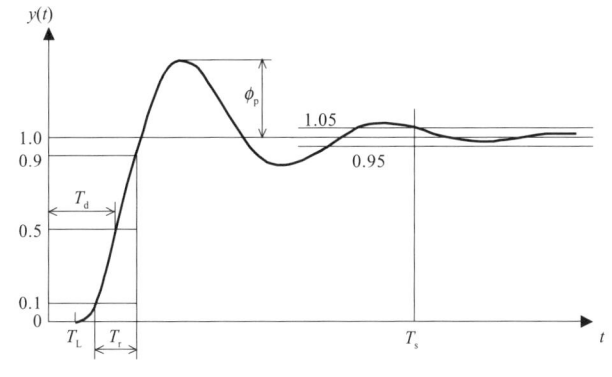

図 2.20 過渡特性

b. 過 渡 特 性

入力が変化してから再び定常状態になるまでの時間を過渡時間といい，この間の系の挙動，すなわち過渡特性も制御系において重要である．このため，図 2.20 に示すようなステップ応答において以下の項目が評価される．

ϕ_p : [行き過ぎ量] 目標値からの最大行き過ぎ量
A_d : [振幅減衰比] 最初の行き過ぎ量に対する次の行き過ぎ量の比
T_d : [遅れ時間] 応答が目標値の 50% に到達するのに要する時間
T_L : [むだ時間] 入力があってから応答が始まるまでの時間
T_r : [立ち上り時間] 応答が目標値の 10% になってから 90% まで変化するのに要する時間
T_s : [整定時間] 応答が一定範囲（図のように目標値の ±5% 以内とすることが多い）に収まるまでに要する時間

このうち前の 2 つは安定性を，後の 4 つは応答の速さ（速応性）を評価する指標となる．一般に安定性と速応性は相反する因子であり，両方を向上させるのは難しい．自動制御の目的にあわせてこれらのバランスをとる必要がある．

2.8 制御系の特性改善

生物生産の場では多種多様な機械・装置が用いられているが，自動制御は圃場機械やロボットに組み込まれるサーボ系と，調製加工機械に組み込まれるプロセス制御系に分けられる．理論的に明確な区別はないが，前者は比較的動きの速い機械を対象とし，目標値の変化に対して制御量を追従させるのに対し，後者は外乱の影響を抑制し，制御量を一定に保つことを目的とする場合が多い．

a. サーボ系の特性改善

目標とする制御特性を実現するように，まず各制御要素のパラメータ（ゲイン）を調整する．これで十分な性能が得られない場合は，位相進み補償や位相遅れ補償などの直列補償器，さらにはフィードバック補償器を付加するのが一般的である．ここでは最初の段階で用いられるゲイン補償，位相進み補償および位相遅れ補償について説明する．

1）ゲイン補償

制御系のゲインを調整することは，元の伝達要素に比例要素 K を直列に付加することと同じであるので，ゲイン補償とも呼ばれる．伝達関数 $G(s)$ が積分要素 $1/s$ を含まない場合は定常偏差がゲインにより変化するので，まずこのことを考慮する必要がある．$G(s)$ が積分要素 $1/s$ を含む場合は定常偏差が生じないので，速応性と安定性を考慮すればよい．3 次以上の系では，ゲインを変えることで制御系が不安定になることがあり，それは避けなければならない．例として図 2.15 の制御系において，

$$G(s) = \frac{1}{s(1+0.2s)}, \quad H(s) = 1 \tag{2.77}$$

とした場合，K の値により単位ステップ応答は図 2.21 のように変化する．ゲインを大きくすると応答が速くなるが，行き過ぎ量が大きくなるとともに振動が減衰しにくくなる．逆にゲインを小さくすると応答が遅くなる．

2）位相進み補償と位相遅れ要素

ゲイン補償で要求が満たされないときは位相進み要素，位相遅れ要素，もしくはその両方を付加する．ゲイン補償が全ての周波数の信号を同じ倍率で増幅するのに対して，位相進み補償（phase lead compensation）や位相遅れ補償（phase lag

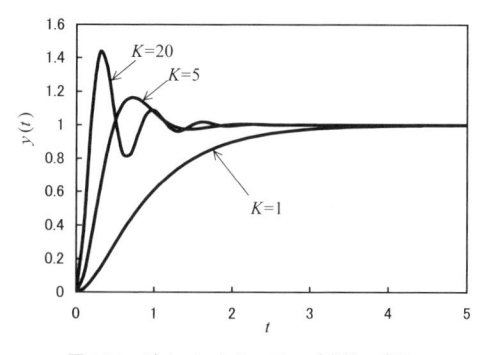

図 2.21 ゲインによるステップ応答の変化

2.8 制御系の特性改善

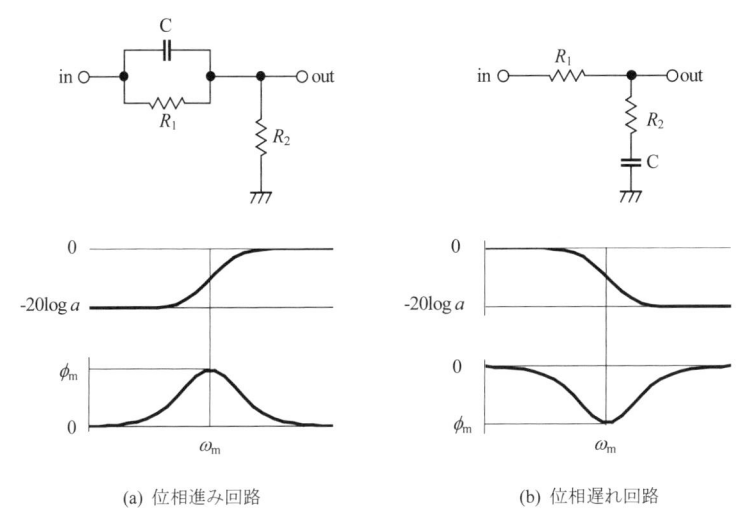

(a) 位相進み回路　　　(b) 位相遅れ回路

図 2.22 位相進み要素と位相遅れ要素

compensation）は一部の周波数のみを増幅する．これにより，たとえば減衰性を悪化させることなく速応性を向上させることが可能になる．

　位相進み要素と位相遅れ要素は，増幅器と周波数フィルタで構成される．簡単な CR フィルタの例とその周波数特性を図 2.22 に示す．図 2.22(a) の回路はハイパスフィルタの一種であるが，通常のハイパスフィルタと異なり低周波信号も一定の減衰比で通過させるという特性をもつ．この回路ではゲイン曲線が傾斜しているところで，位相が進むので，位相進み回路と呼ばれる．回路の伝達関数 G_{lead} は次のようになる．

$$G_{\text{lead}} = \frac{1+aTs}{a(1+Ts)} \tag{2.78}$$

ただし，

$$T = C\frac{R_1 R_2}{R_1 + R_2}, \qquad a = \frac{R_1 + R_2}{R_2} \tag{2.79}$$

位相変化の最大値 ϕ_m とそのときの周波数 ω_m は次式で与えられる．

$$\omega_m = \frac{1}{\sqrt{aT}}, \qquad \phi_m = \sin^{-1}\frac{a-1}{a+1} \tag{2.80}$$

回路のゲインが低周波域で $1/a$ であるから，これにゲイン a の増幅器を取り付けると，信号が低周波域ではそのまま通過し，高周波域では一定のゲイン a で増幅されることになる．これによって制御系の速応性を改善することができる．

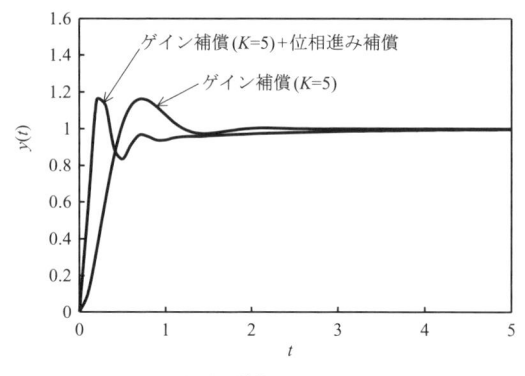

図 2.23 位相進み補償による特性改善の例

位相進み補償による特性改善の例を図 2.23 に示す．これは図 2.21 と同じ設定にした制御系に $G_{\text{lead}} = \dfrac{1+1.4s}{1+0.2s}$ で表される位相進み要素を取り付けた場合のステップ応答である．ゲイン K は 5 とした．位相進み補償を取り付けることで立ち上がりが速くなっている．ゲイン調節のみで速応性を上げると図 2.21 のように行き過ぎ量が大きくなる弊害をともなったが，位相進み補償ではそれを避けることができる．

位相遅れ要素は位相進み要素と反対に，高周波域のゲインを下げる．図 2.22 (b) の回路の伝達関数 G_{lag} は次式で表される．

$$G_{\text{lag}} = \frac{1+aTs}{1+Ts} \tag{2.81}$$

ただし，

$$T = C(R_1 + R_2), \qquad a = \frac{R_2}{R_1 + R_2} \tag{2.82}$$

位相変化の最大値 ϕ_m と，そのときの周波数 ω_m は位相進み回路と同じで式 (2.80) で与えられる．しかし位相遅れ回路では $a<1$ なので，位相が遅れる方向に変化する．位相遅れ要素により高周波域の感度を鈍くして安定性を良くすることができる．また増幅器を付加して，低周波域のみのゲインを上げると，低周波特性の影響を強く受ける定常偏差を改善できる．

b. プロセス制御系の特性改善

プロセス制御系では，たとえばチャンバ内の温度を一定に保つというような制

御が行われる．その場合，対象内で生じている現象をモデル化するのが困難な場合が多い．特に生物を対象とする系では動特性が複雑であり，伝達関数を理論的に求めるのは困難である．そこで伝達関数に基づいて個別の制御系を設計するのではなく，PID 調節器を用いることが多い．これは一般に PID 制御（PID control）と呼ばれる．PID 制御は主にプロセス制御の分野で発展してきたが，対象の動特性が完全にわからなくても利用できるという利点から，サーボ系の制御にも用いられている．

PID 調節器は比例要素（proportional element），積分要素（integral element），微分要素（differential element）を合わせて構成され，図 2.24 のブロック図で表される．伝達関数 G_{PID} は以下のとおりである．

$$G_{PID}(s) = K_P(1 + \frac{1}{T_I s} + T_D s) \tag{2.83}$$

ここで，K_P は比例ゲイン，T_I は積分時間，T_D は微分時間と呼ばれる．比例要素は偏差に比例して動作するが，これだけでは定常偏差をなくすことができず，通常は積分要素と組み合わせて用いられる．これを PI 制御という．微分動作は制御量の急激な変動を抑え，整定時間を短くする．PID 要素の各パラメータを調節する PID チューニングは系の応答を実測して行われることが多い．チューニングの方法として，Ziegler と Nichols により提案された限界感度法とステップ応答法を紹介する．

1）限界感度法

経験的に導かれた方法で，プロセスをむだ時間要素と積分要素からなると仮定し，振幅減衰比を 1/4 にするという設定法である．以下の手順による．

① 比例要素のみを動作させ，ゲイン K_P を上げていく．

② 定常振動が始まる安定限界の状態まで K_P を上げ，そのときのゲイン K_0 と振動周期 T_0 を測定する．

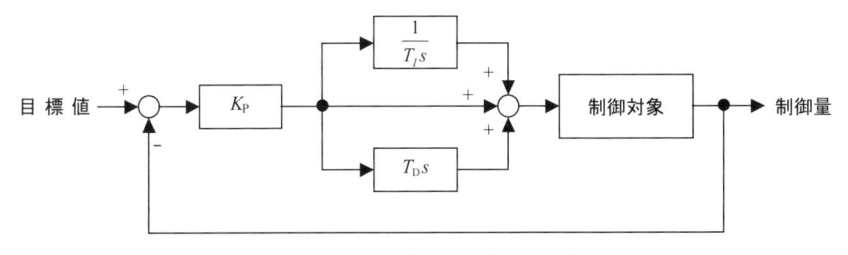

図 2.24　PID 補償によるプロセス制御

表 2.4　限界感度法による PID パラメータの設定値

補償器の構成	K_P/K_0	T_I/T_0	T_D/T_0
P	0.5	∞	0
P+I	0.45	0.83	0
P+I+D	0.6	0.5	0.125

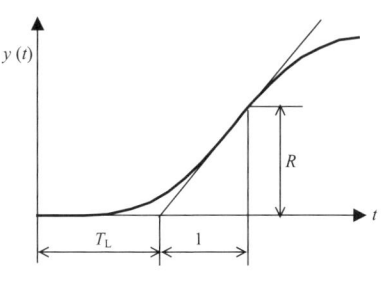

図 2.25　ステップ応答の折線近似

表 2.5　ステップ応答法による PID パラメータの設定値

補償器の構成	$K_P \cdot RT_L$	T_I/T_L	T_D/T_L
P	1	∞	0
P+I	0.9	3.3	0
P+I+D	1.2	2	0.5

③ この値から表 2.4 により各要素のパラメータを決定する．

2) ステップ応答法

制御対象を 1 次遅れ要素とむだ時間要素で表したとき，制御面積（偏差の絶対値の時間積分）を最小にするようにパラメータを設定する方法であり，以下の手順による．

① 制御対象（制御系ではない）のステップ応答を測定する．
② 図 2.25 のように変曲点を通る接線を引き，接線の傾きを R，むだ時間を T_L とする．
③ この値から表 2.5 により各要素のパラメータを決定する．

2.9　ディジタル制御

マイクロコンピュータとその周辺機器が安価になったことにより，従来のアナログ調節器がディジタル式に移行している．ディジタル式ではプログラムにより

補償器の構成やパラメータを容易に変更できるため，アナログ式に比べて柔軟な制御ができる．また複数の対象を1台のコンピュータで制御できることなど利点が多い．ディジタル制御系を設計するには，はじめから全システムを離散化して計算する方法と，補償器をアナログ系で設計し，それをディジタルのプログラムに変換する方法がある．ここではまず後者の方を想定し，アナログ要素を離散化してディジタルに変換する方法を例をあげて述べる．次にディジタル制御の基礎である z 変換とパルス伝達関数について簡単に説明する．

a. アナログ要素の離散化

ディジタル制御でもアナログ制御でも基本的な考え方は同じであるが，その手続きが異なる．たとえばコンピュータで温度の自動計測を行う場合は，測定値が一定時間ごとにディジタル量として入力される．ディジタル量はその大きさが離散化されているが，ここでは大きさの離散化を考えず，時間的な離散化のみを考える．すなわち，図 2.26 のように時間的に連続なアナログ信号 $f(t)$ を一定時間 τ ごとにサンプリングし，それを $f^*(k)$ $(k=0,1,2,\cdots)$ とおく．これはサンプル値（sampled-data）と呼ばれ，ディジタル量とは区別される．τ はサンプリング周期（sampling period）と呼ばれる．

さて，アナログ系では入力信号に対し，微分方程式で記述される伝達要素を作用させる．伝達要素はたとえばアナログの電気回路である．では，これに対応する要素をコンピュータのプログラムで記述するとどのようになるであろうか．これはコンピュータによる制御やシミュレーションでよく出会う問題である．例として1次遅れ要素をとりあげてみよう．1次遅れ要素は式(2.28), (2.29) で示したように，入力 $x(t)$，と出力 $y(t)$ のあいだに次の関係がある．

$$T\frac{dy(t)}{dt} + y(t) = Kx(t) \tag{2.84}$$

離散時間系では微分方程式に代わり，差分方程式が適用される．

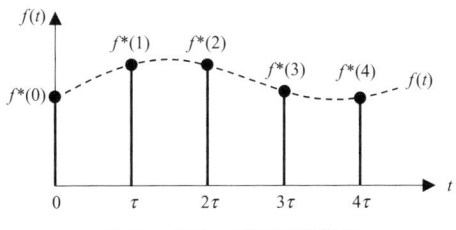

図 2.26 アナログ信号の離散化

1) オイラーの差分近似

微分を差分に変換するにはいくつかの方法があるが,まずは最も簡単なオイラーの方法を用いてみる.刻み時間をサンプリング周期と同じτとすると,式(2.84)は次式に変換される.$x^*(k), y^*(k)$は$x(t), y(t)$のサンプル値を表す.

$$T\frac{y^*(k+1) - y^*(k)}{\tau} + y^*(k) = Kx^*(k) \tag{2.85}$$

これより,次の差分方程式が得られる.

$$y^*(k+1) = \left(1 - \frac{\tau}{T}\right)y^*(k) + \frac{K\tau}{T}x^*(k) \tag{2.86}$$

$y^*(0)=0$, $T=2$, $K=1$とし,入力を単位ステップ関数$x^*(k)=1$とおいて,式(2.86)から帰納的に計算される出力$y^*(k)$を$y(k\tau)$として時間軸上に図示すると図2.27のようになる.図中の太線は微分方程式(2.84)を解いて得られる連続系の出力$y(t)$を示す.

図のように連続系の解と,差分近似で得た解の間には差があり,その差は刻み時間を長くするほど大きくなる.なお,この例では定常状態における値が一致しているが,場合によっては元のアナログ系が安定しているにもかかわらず,差分方程式が不安定になることがある.オイラーの方法は簡単なのでよく使われるが,特に刻み時間の設定には注意を払わなければならない.

2) 微分方程式の解に基づく差分方程式

オイラーの方法では微分方程式を差分近似したので誤差が生じた.そこで別の方法として,まず微分方程式を解いて,その解を差分化することを試みる.そのためにはまず,入力$x^*(k)$をサンプル値の列から時間の関数に再度置き換える必要がある.そこで,入力を図2.28のように置き換え,この関数を$x_H(t)$とおく.入力がサンプリング周期τの間,一定の値に維持されるので,この方法は零次ホール

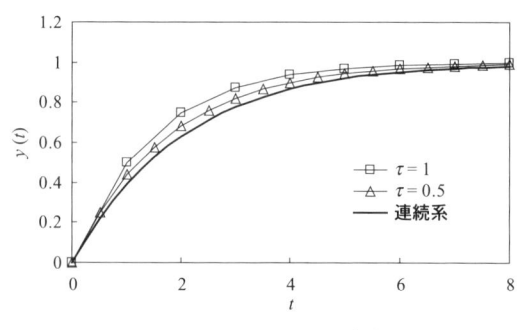

図2.27 オイラーの差分近似解

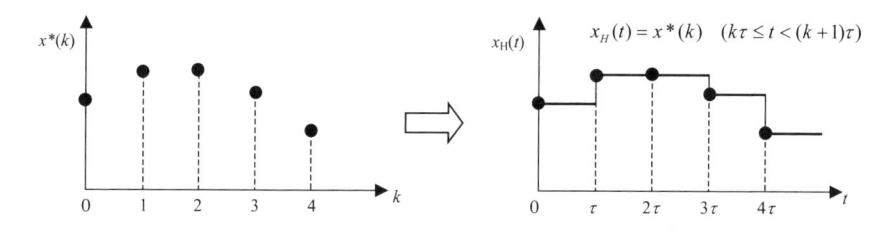

図 2.28 零次ホールドによる入力の置き換え

ド(zero-order hold)と呼ばれる.

入力をこのように設定したうえで,式(2.84)の微分方程式を解く. $k\tau \leq t < (k+1)\tau$ において,$x(t)=x^*(k)$ であるから,

$$T\frac{dy(t)}{dt} + y(t) = Kx^*(k) \tag{2.87}$$

$y(k\tau)=y^*(k)$ とおき,$k\tau \leq t < (k+1)\tau$ の区間でこの式を解くと,

$$y(t) = \{y^*(k) - Kx^*(k)\}e^{\frac{k\tau-t}{T}} + Kx^*(k) \tag{2.88}$$

この式に $t=(k+1)\tau$ を代入すると,$y^*(k+1)$ が次のように差分方程式の形で得られる.

$$y^*(k+1) = e^{-\frac{\tau}{T}} y^*(k) + K(1-e^{-\frac{\tau}{T}})x^*(k) \tag{2.89}$$

ステップ入力のように元の入力 $x(t)$ が一定の場合は,常に $x_H(t)$ と $x(t)$ が等しくなるので,式(2.89)によって求められるプロット $y^*(k)$ は連続時間系の微分方程式を解いて得られる曲線と完全に一致する.入力が変化する場合は,零次ホールドによる誤差が生じるが,オイラーの方法と異なって,元の連続時間系が安定であれば離散時間系でも安定性が保証される.

b. z 変換とパルス伝達関数
1) t,s 領域での離散信号処理

上記の方法で伝達要素の差分方程式が得られるが,そのために微分方程式を解かなければならず,複雑な系には適用できそうにない.そこで連続時間系のラプラス変換に対応するものとして,z 変換という手法が用いられる.z 変換を理解するための準備として,まずサンプル値 $x^*(k)$ から離散時間出力 $y^*(k)$ を得るプロセスを,図 2.29 に示すように t 領域と s 領域で記述してみる.

i) t 領域　t 領域において,まずサンプル値 $x^*(k)$ をインパルス列 $x^*(k)\delta(t-k\tau)$ に変換する.すなわち時間 $k\tau$ の位置に大きさ $x^*(k)$ のインパルスがあるという

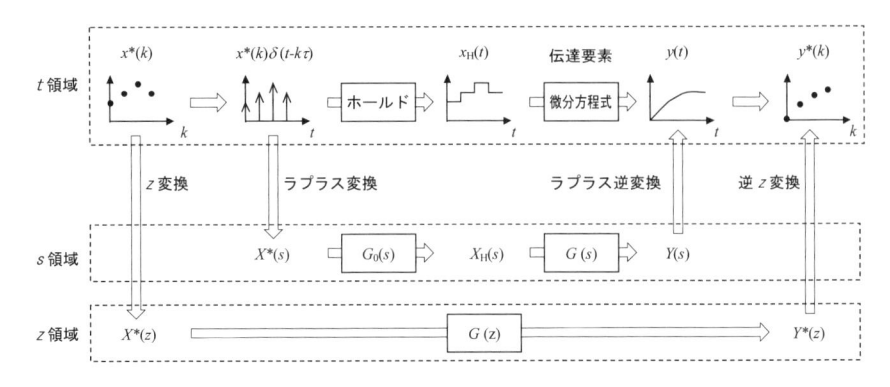

図 2.29 t, s, z 領域におけるサンプル値の処理

時間関数の形にする．これは s 領域での処理と対応させるためである．次に零次ホールドにより，ステップ関数の和である $x_H(t)$ に変換する．これを入力として伝達要素の微分方程式を解き，出力 $y(t)$ を求め，そのサンプル値 $y^*(k)$ を得る．

ii) s 領域 これを s 領域で行ってみる．まずインパルス列のラプラス変換 $X^*(s)$ は次式で表される．

$$X^*(s) = \sum_{k=0}^{\infty} x^*(k) e^{-k\tau s} \tag{2.90}$$

次にステップ関数の和である $x_H(t)$ のラプラス変換 $X_H(s)$ は次式となる．

$$X_H(s) = \sum_{k=0}^{\infty} x^*(k) \frac{1}{s} e^{-k\tau s} \left(1 - e^{-\tau s}\right) \tag{2.91}$$

これに伝達要素の伝達関数 $G(s)$ をかけると出力のラプラス変換 $Y(s)$ が得られ，さらにそれをラプラス逆変換して出力 $y(t)$ が得られる．なお零次ホールドの伝達関数 $G_0(s)$ は上の 2 つの式から次のように求められる．

$$G_0(s) = \frac{X_H(s)}{X^*(s)} = \frac{1 - e^{-\tau s}}{s} \tag{2.92}$$

このように t 領域や s 領域では，入力されたサンプル値を一度時間関数に変換する必要がある．これに対し，z 領域ではサンプル値を離散時間系でそのまま処理する．

2) z 領域での離散信号処理

式(2.90)で行ったインパルス列のラプラス変換において，

$$e^{\tau s} = z \tag{2.93}$$

とおくと，式(2.90)の右辺は $\sum_{k=0}^{\infty} x^*(k) z^{-k}$ と書き換えられ，これを $x^*(k)$ の z 変換

2.9 ディジタル制御

（z-transform）と呼ぶ．ラプラス変換におけるインパルスは，z 変換におけるサンプル値として扱われる．一般にサンプル値 $f(k)$ ($k=0,1,2,\cdots$) に対し，z 変換は次のように定義される．

$$\mathcal{F}[f(k)] = F(z) = f(0) + f(1)z^{-1} + f(2)z^{-2} + \cdots = \sum_{k=0}^{\infty} f(k)z^{-k} \quad (2.94)$$

ここで $f(0)=0$ とすると，次の式が導かれる．

$$\mathcal{F}[f(k+1)] = z\mathcal{F}[f(k)] \quad (2.95)$$

すなわち，サンプル値の z 変換に z をかけるということは，サンプル値を 1 周期分前に進めることに相当する．

簡単な時間関数 $f(t)$ とそのラプラス変換 $F(s)$，およびそれに対応するサンプル値 $f(k\tau)$ とその z 変換 $F(z)$ を表 2.6 に記載する．

また s 領域において伝達関数が入出力の比を表したように，z 領域でも同様の関数が定義されている．入力の z 変換と出力の z 変換の比はパルス伝達関数 (pulse transfer function) と呼ばれる．

再び図 2.29 に戻り，z 変換による処理を行う．サンプル値 $x^*(k)$ の z 変換 $X^*(z)$ は次式で与えられる．

$$X^*(z) = \sum_{k=0}^{\infty} x^*(k)z^{-k} \quad (2.96)$$

$X^*(z)$ は零次ホールドと伝達要素を通過する．これらのパルス伝達関数を合わせて $G(z)$ と書くことにすると[注]，出力の z 変換 $Y^*(z)$ が次式のように得られ，これを逆 z 変換すると出力 $y^*(t)$ となる．

$$Y^*(z) = G(z)X^*(z) \quad (2.97)$$

注：これはホールド付パルス伝達関数と呼ばれることもある

表 2.6　ラプラス変換と z 変換

$f(t)$	$F(s)$	$f(k\tau)$	$F(z)$
$\delta(t)$	1	1,　$k=0$ 0,　$k \geqq 1$	1
$\delta(t-i\tau)$	$e^{-i\tau s}$	1,　$k=i$ 0,　$k \neq i$	z^{-i}
$u(t)$	$\dfrac{1}{s}$	1	$\dfrac{1}{1-z^{-1}}$
t	$\dfrac{1}{s^2}$	$k\tau$	$\dfrac{\tau z^{-1}}{(1-z^{-1})^2}$
e^{-at}	$\dfrac{1}{s+a}$	$e^{-ak\tau}$	$\dfrac{1}{1-e^{-a\tau}z^{-1}}$

3) 離散信号処理の例

では一次遅れ要素を例にして，z 領域での処理を具体的に行ってみよう．まずパルス伝達関数 $G(z)$ を得るため，以下のように s 領域での零次ホールドの伝達関数 $G_0(s)$ と一次遅れ要素の伝達関数 $G(s)$ の積を求める．式(2.29)，(2.92) より，

$$G_0(s)G(s) = \frac{1-e^{-\tau s}}{s}\frac{K}{1+Ts} = K(1-e^{-\tau s})\left(\frac{1}{s} - \frac{1}{s+T^{-1}}\right) \quad (2.98)$$

ここで右辺の $e^{-\tau s}$ は s 領域において時間が τ だけ遅れていることを表す．τ はサンプリング周期なので，z 領域ではサンプル値が 1 つ遅れることに相当する．したがって $(1-e^{-\tau s})$ は $(1-z^{-1})$ に変換される．右辺の $\left(\frac{1}{s} - \frac{1}{s+T^{-1}}\right)$ に相当するパルス伝達関数を表 2.6 から求めて，これらをまとめると $G(z)$ は次のようになる．

$$G(z) = K(1-z^{-1})\left(\frac{1}{1-z^{-1}} - \frac{1}{1-e^{-\frac{\tau}{T}}z^{-1}}\right) = K\left(\frac{1-e^{-\frac{\tau}{T}}}{z-e^{-\frac{\tau}{T}}}\right) \quad (2.99)$$

これを式(2.97)に代入して整理すると，

$$(z-e^{-\frac{\tau}{T}})Y^*(z) = K(1-e^{-\frac{\tau}{T}})X^*(z) \quad (2.100)$$

この両辺を逆 z 変換する．式 (2.95) より $zY^*(z)$ の逆 z 変換が $y^*(k+1)$ であることを考慮すると，次の差分方程式が得られる．これは微分方程式を解いて求めた式 (2.89) と全く同じである．

$$y^*(k+1) - e^{-\frac{\tau}{T}}y^*(k) = K(1-e^{-\frac{\tau}{T}})x^*(k) \quad (2.101)$$

以上 z 領域での信号処理について簡単に紹介した．この例のように簡単な系では z 変換が微分方程式を解くことよりむしろ煩雑に思えるかもしれない．しかし，実用の複雑な制御系に対しては非常に有効な方法である． 〔芋生憲司〕

演 習 問 題

問 2.1 次の関数のラプラス変換を求めよ．
(1) t　　(2) $\sin\omega t$　　(3) $1-e^{-3t}$　　(4) $e^{-2t}\sin\omega t$

問 2.2 次の関数のラプラス逆変換を求めよ．
(1) $\dfrac{5}{(2s+1)(s+3)}$　　(2) $\dfrac{3s+17}{(s+5)(s+6)}$
(3) $\dfrac{2}{s(s+1)(s+2)}$　　(4) $\dfrac{4}{(s+1)^2(s+3)}$

問 2.3 図に示す波形のラプラス変換を求めよ．ここに，$f(t)$ は T を周期とする周期関数で，$f_0(t)$ を

$$f_0(t) = \begin{cases} f(t) & (0 \leq t \leq T) \\ 0 & (t<0,\ t>T) \end{cases}$$

とする．

問 2.4 図に示すブロック線図において，入力 $R(s)$ に対する出力 $C(s)$ の伝達関数を求めよ．

問 2.5 図のブロック線図で示す制御系のステップ応答を求めよ．

問 2.6 一次遅れ要素 $\omega_1/(s+\omega_1)$ のベクトル軌跡を求めよ．

問 2.7 図の制御系の特性方程式をたててその解を求め，閉ループ系の安定性を判別せよ．

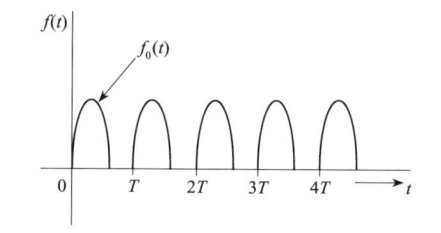

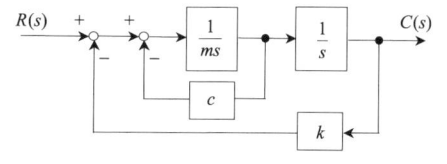

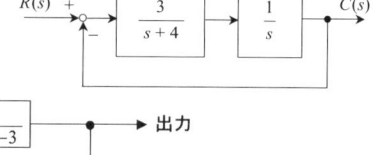

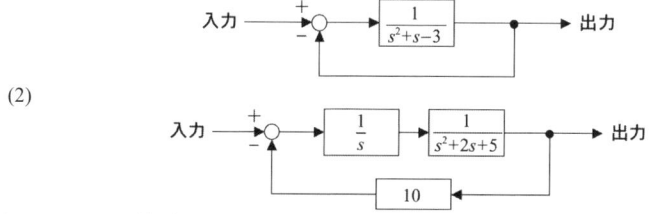

(1)

(2)

問 2.8 開ループ伝達関数 $G(s)$ が次式で与えられているとき，ナイキスト線図を描き，閉ループ系が安定になるゲイン K の範囲を求めよ．

$$G(s) = \frac{K}{s(s+2)^2}$$

問 2.9 開ループ伝達関数 $G(s)$ が次式で与えられている．単位ステップ入力に対する定常偏差 ε とゲイン K の関係を求めよ．

$$G(s) = \frac{K}{(s+2)(s+3)}$$

問 2.10 目標値が一定速度で変化する場合の定常偏差を定常速度偏差という．開ループ伝達関数 $G(s)$ が次式で与えられているとき，ランプ入力 $X(s)=1/s^2$ に対する定常速度偏差 ε_v を求めよ．

$$G(s) = \frac{1}{s(s+2)}$$

問 2.11 図 2.22(b) に示した回路の伝達関数が式 (2.81), (2.82) で表されることを説明せよ．

問 2.12 次の伝達関数 $P(s)$ で表される制御対象を PID 調節器により制御するものとする．ステップ応答法により，PID パラメータを求めよ．

$$P(s) = e^{-3s} \frac{2}{1+5s}$$

問 2.13 単位ステップ関数 $u(k)=1$, $k=0,1,2\cdots$ の z 変換 $U(z)$ は次のように求められる．これを用いて，関数 $f(k)=k$, $k=0,1,2\cdots$ の z 変換 $F(z)$ が $\dfrac{z^{-1}}{(1-z^{-1})^2}$ になることを説明せよ．

$$U(z)=z(u(k))=1+z^{-1}+z^{-2}+\cdots=\frac{1}{1-z^{-1}}$$

問 2.14 積分要素のホールド付パルス伝達関数と，それに対応する差分方程式を求めよ．

文　献

1) Dorf, R.C. and Bishop, R.H: Modern Control Systems, Addison-Wesley, 1998.
2) 奥山佳史，他：制御工学，朝倉書店，2001.
3) 金原昭臣，黒須茂：ディジタル制御入門，日刊工業新聞社，1990.
4) 椹木義一，添田喬：わかる自動制御，日新出版，1966.
5) 近藤文治，他：基礎制御工業，森北出版，1977.
6) 杉江俊治，藤田政之：フィードバック制御入門，コロナ社，1999.
7) 高木章二：ディジタル制御入門，オーム社，1999.
8) 中田正吾，他：制御工学の基礎，森北出版，1996.
9) 松村文夫：自動制御，朝倉書店，1979.
10) 森政弘，小川鑛一：初めて学ぶ基礎制御工学，東京電機大学出版局，1994.

3. 知的制御

3.1 ファジィ制御

a. ファジィ数

ファジィ数とは，区分的に連続なメンバーシップ関数をもつファジィ集合のことである．メンバーシップ関数には図 3.1 に示す (a) 折れ線，(b) 二等辺三角形，(c) 台形，(d) 釣鐘型の他種々用いられる．ここで，縦軸 y がグレード（度合い），横軸 x がファジィ集合である．たとえば，「およそ 3」という曖昧な数は式 (3.1) に示す二等辺三角形メンバーシップ関数を用いてファジィ数 μ (3,2) で表すことができる．これは下限グレードで 3 を中心値としてその前後に 2 の幅をもつ区間 [1, 5] に含まれるすべての実数が「およそ 3」であることを意味する．グレードを 0.5 まで上げると区間は [2, 4] に狭まる．

$$y = -\frac{1}{B}|A - x| + 1 \qquad B > 0 \tag{3.1}$$

b. 制御への応用

ファジィ制御とは，制御規則に従ってファジィ推論を行い，その推論結果に基づいて制御を実行する制御方法である．ファジィ推論は，IF・THEN 形式で表現

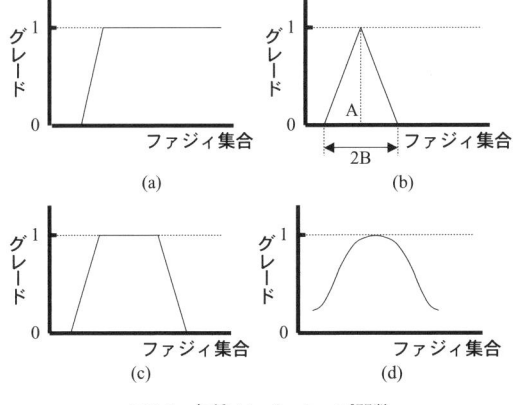

図 3.1　各種メンバーシップ関数

されるファジィプロダクションルールによって行う．IF は前提条件（前件部，条件部）を表し，THEN は結論（後件部，操作部）を表す．プロダクションルールの構築方法は，①専門家の情報・知識に基づく方法，②シミュレータやオペレータの操作モデルに基づく方法，③従来の制御理論のように制御対象の数学モデルをファジィモデルに置き換える方法などがある．①の方法は一般的によく用いられる方法で，専門家の情報・知識が言語的な表現で表されるとき，ファジィ推論の前件部および後件部を言語的に表現しルールにまとめる．ここで，その具体的な例として，車の直進走行制御について解説する．車の速度が一定であるとするとハンドルの回転角度のみを操作すればよい．その制御規則は，

規則 1 : IF　車が左にそれていく　　THEN　ハンドルを右に操作する
規則 2 : IF　車が直進している　　　THEN　ハンドルを中立位置に固定する
規則 3 : IF　車が右にそれていく　　THEN　ハンドルを左に操作する

となる．前件部（IF）は，車が走行すべき直線となす角度である．後件部（THEN）は，ハンドルの中立位置からのハンドルの回転角である．ここでは，仮に車の直線とのずれを $-10°$ から $10°$ に，ハンドルの回転角を $-20°$ から $20°$ の範囲とし，車およびハンドルの回転方向を右方向はマイナス，左方向はプラスとする場合のプロダクションルールを図 3.2 に示す．この例では，条件部および後件部でそれ

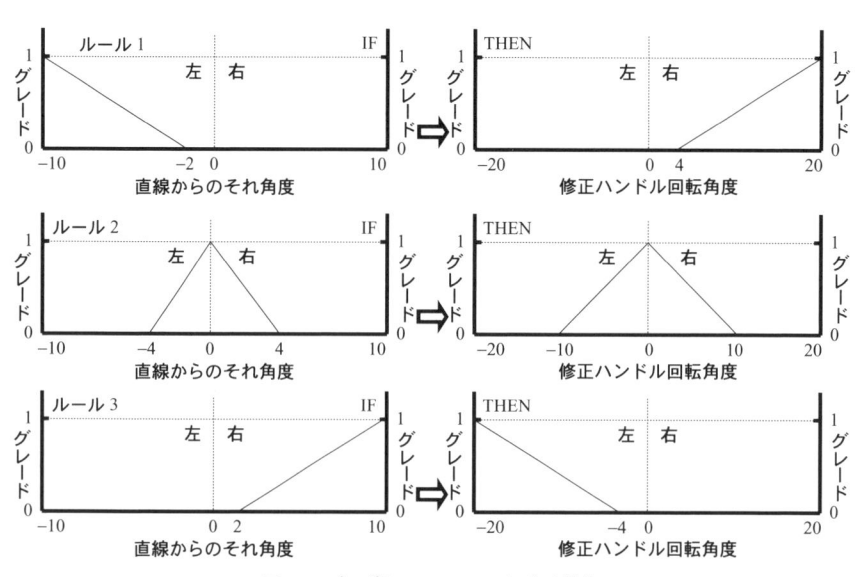

図 3.2　プロダクションルールによる推論

それ全体空間を三つにファジィ分割しており，メンバーシップ関数として二等辺三角形および折れ線を用いている．

実際に人が車を運転しているときは，「車が左に 3°それているからハンドルを右に 5°切る」といったはっきりした操作を行わずに，「車が少し左にそれている」といった曖昧な認識（入力）を得て，これまでの経験などから「ハンドルを少し右に切る」という操作（出力）をする．

図 3.2 に示すプロダクションルールを用いて「車が少し左にそれている」を二等辺三角形をメンバーシップ関数とするファジィ数 μ_{IN}（-4,2）で与えられる入力とした場合にどのような制御が行われるかについて解説する．図 3.3 に示すように入力 μ_{IN} はルール 1 とルール 2 の前件部において関連が存在し，ルール 3 には関係しない．まず，ルール 1 で前件部のメンバーシップ関数と入力のメンバーシップ関数の斜線で示される共通部分（積集合 A_1）を確定する．その斜線で示されるメンバーシップ関数の最大グレード（ここでは 0.4）を用いて後件部のメンバーシップ関数をカットすることで，ルール 1 の推論結果として斜線（B_1）で示すメンバーシップ関数が得られる．この推論法をマムダニの定義による推論という．ルール 2 についても同様で，共通部分（A_2）の最大グレード 0.33 で後件部のメンバーシップ関数をカットして B_2 を得る．最終的な推論結果は B_1 と B_2 の

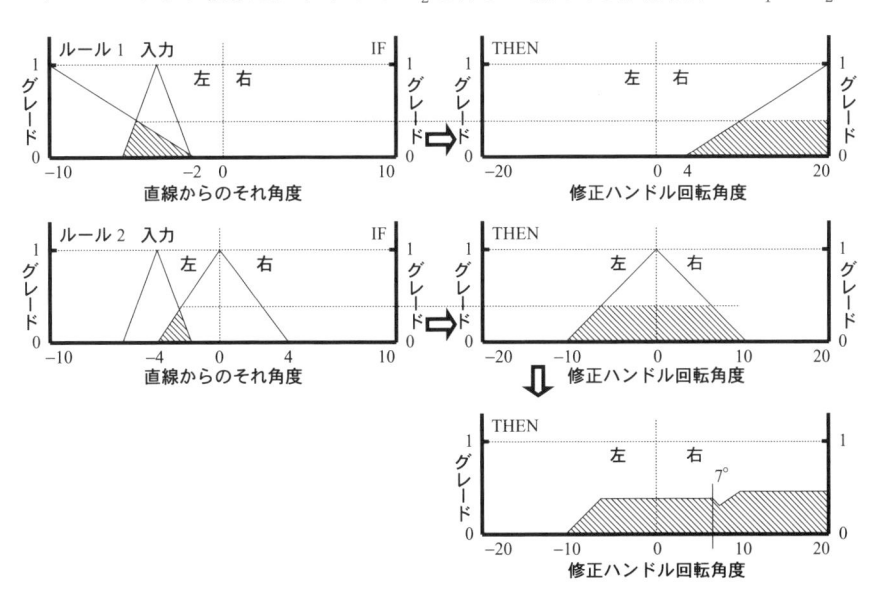

図 3.3 ファジィ制御（重心法による推論）

和集合になるが,実際の制御ではこのメンバーシップ関数からひとつの操作量(ここではハンドルの回転角度)を決定する必要がある.このようにファジィ数からクリスプな実数を取り出すことを非ファジィ化と呼ぶ.非ファジィ化する方法としてメンバーシップ関数の重心を採用する重心法が最も一般的である.求める重心の x 座標 X_{CG} は式 (3.2) で与えられる.実際には x を適当に離散化して数値的に X_{CG} を求める.たとえば,ハンドルの回転角を $-10°$ から $20°$ まで $2°$ きざみで離散化しグレード (y) で重みづけをすることで式 (3.3) のように X_{CG} が求まる.なお,式 (3.3) のグレードの値は計算の便宜上 10 倍されている.

$$x_{CG} = \frac{\int_y yB(y)dy}{\int_y B(y)dy} \tag{3.2}$$

$$\left[(-10)\times 0 + (-8)\times 2 + (-6)\times \frac{10}{3} + (-4)\times \frac{10}{3} + (-2)\times \frac{10}{3} + (0)\times \frac{10}{3} + (2)\times \frac{10}{3} + (4)\times \frac{10}{3} + (6)\times \frac{10}{3} + (8)\times 2.5 + (10)\times 3.75 + (12)\times 4 + (14)\times 4 + (16)\times 4 + (18)\times 4 + (20)\times 4\right] / \left[0 + 1 + 2 + \left(\frac{10}{3}\right)\times 7 + 2.5 + 3.75 + 4\times 5\right] = \frac{361.5}{51.58} = 7.01 \tag{3.3}$$

以上のように全体の推論結果を非ファジィ化した操作量 X_{CG} は,この例ではハンドルを右に $7°$ 切るという推論結果となる.

3.2 人 工 知 能

a. エキスパートシステム

人工知能の研究分野は,人間の知能を機械で実現しようとする工学的な分野と,人間の知能のメカニズムを解明しようとする理学的分野に大別できるが,ここでは前者に限定して解説する.人工知能の工学的応用範囲は広範であるが,制御という観点からはエキスパートシステムが重要である.エキスパートシステムは,専門家の知識を蓄えたコンピュータシステムでその知識を基に推論を行うことで問題解決や制御動作を行うシステムである.人間のもつ知識は話し言葉(自然言語)で表されるが,コンピュータで処理するにはあらかじめ決められた形式に書き表す必要がある.この方法にはいくつかあるが,エキスパートシステムでよく使われる知識表現形式としては,①述語論理式,②プロダクションルール,③フレーム,④意味ネットワーク,⑤あいまい性表現などがある.①,②,③,④は

知識の論理的関係を表現するもので，互いに似た部分もあるが，相違する部分も大きく用途によって適した表現が利用される．⑤は推論の途中で推論の制御に利用される情報を表現する方法である．

b. 確 信 値

エキスパートシステムのメリットの1つとして，あいまいな情報に基づいた意思決定や制御ができることがあげられる場合が多い．エキスパートシステムに使う知識ベースでは，一意的に明確に表された知識だけで構成されていることが前提であり，言語的あいまい性が入りこむことは避けなければならない．エキスパートシステムで扱うあいまい性は，命題の正しさの程度を表現するものに限られている．このような知識では「真」と「偽」のほかに，「知らない」という無知状態があり，これを真偽とは区別して扱う必要がある場合がある．なぜならば，無知状態も場合によっては1つの重要な情報になりうるからである．エキスパートシステムではあいまい性を表現するための方法として，①確率・統計（ベイズ確率），②確信値（CF：certainty factor），③ファジィ理論などがあるが，ここでは確信値について述べる．

確信値はプロダクションルールやフレームと一緒に用いられる場合が多い．確信値では完全な肯定＝＋1，完全な否定＝－1，無知＝0 として，確信の程度に応じてその間の値を決定する．たとえば，体温が37℃以上のときは「熱がある」ということの確信度は 0.9 であるが，36.7℃については「熱がある」か「ない」かについては本人の平熱についての情報がないと判断できないことから確信値は無知＝0 などと表現する．あいまいな事実やルールからの推論結果については，元の事実やルールの確信値から推論結果の確信値を明らかにする必要がある．確信値の計算法は種々考えられるが,その一例を次に示す．

　AND 関係：　各結論の確信値の中の絶対値が最小の値とする．
　OR 関係　：　各結論の確信値の中の絶対値が最大の値とする．
　CONBINATION 関係：　複数の確信値が寄与して結論の確信値が元のどれよりも強くなる関係で，それまでの確信値の集計値を CF_1，新しく与えられた確信値を CF_2 とすると，新しい集計値 CF_3 は

$$\left.\begin{array}{l} CF_1=1 \text{ または } CF_2=1 \text{ のとき } CF_3=1 \\ CF_1=-1 \text{ または } CF_2=-1 \text{ のとき } CF_3=-1 \\ CF_1>0 \text{ かつ } CF_2>0 \text{ のとき } CF_3=CF_1+CF_2-CF_1\cdot CF_2 \\ CF_1<0 \text{ かつ } CF_2<0 \text{ のとき } CF_3=CF_1+CF_2+CF_1\cdot CF_2 \\ CF_1\cdot CF_2<=0 \text{ かつ } |CF_1|\neq 1 \text{ かつ } |CF_2|\neq 1 \text{ のとき} \\ CF_3=\dfrac{CF_1+CF_2}{1\ \min\{CF_1 E CF_2\}} \end{array}\right\} \quad (3.4)$$

c. 制御への応用

植物工場などにおいて,作物の育成環境を作物の状態などに関する情報を基に制御するエキスパートシステムの構築手順を簡単な例で解説する.

1) 知識の獲得と整理

知識は専門家(エキスパート)から聞き取り調査により引き出してルールの形にまとめる.図 3.4 は知識を症状と原因の関係からマトリックス形式にまとめた

クラス	原因＼症状	養液濃度が高い	養液濃度が低い	養液中の酸素不足	養液温度が低い	光が弱い	夜温が低い	空気湿度が低い	カルシウム欠乏
葉	色が薄い	-0.2	0.4		0.25				0.35
	色が濃い	0.45	-0.2	0.1		-0.1			-0.2
	面積が小さい			0.1		0.2	0.1	0.35	
	丸まっている	0.45	-0.3						-0.1
果実	奇形果がある						0.15		
	腐れがある	-0.2	0.1		0.25				0.35
	小さい					0.1			
	数が少ない		0.1		0.1				

```
ルールフレーム:C1-1
クラス:葉
前件部:葉の色が薄い
後件部:培養液濃度が薄い   [0.4]
```

図 3.4 確信値を用いた知識のまとめ方の一例

```
ルールフレーム:C1-2
クラス:葉
前件部:葉の面積が小さい
後件部:夜の温度が低い    [0.1]

ルールフレーム:C2-1
クラス:果実
前件部:奇形果がある
後件部:夜の温度が低い    [0.15]

ルールフレーム:C2-2
クラス:果実
前件部:果実が小さい
後件部:光が弱い    [0.1]
```

図 3.5　プロダクションルールの一例

例である．マトリックスの値はそれぞれの因果関係の強さを示す確信値である．また，作物の状態を葉と果実の 2 クラスで整理している．

2) 知識ベースの構築

図 3.5 に得られた知識をプロダクションルールとフレームを用いて表現した例を示す．フレームは各クラスごとに，またそのクラスに属すプロダクションルールごとに準備される．作物の状態をモニターしその結果を対応する全フレームと照合することで，作物が現在その状態を呈している複数の原因を確信値付で推定

```
ルールフレーム:C3-1
クラス:夜のハウス内温度
前件部:高すぎる      ＣＦ＞0.7
後件部:加温器の設定値を下げる

ルールフレーム:C3-2
クラス: 夜のハウス内温度
前件部:高すぎる      ＣＦ＜＝0.7
後件部:天窓を開く

ルールフレーム:C4-1
クラス:溶液濃度
前件部:薄すぎる      ＣＦ＞0.6
後件部:濃度を高める

ルールフレーム:C5-1
クラス:光
前件部:弱い          ＣＦ＞0.9
後件部:補光する
```

図 3.6　環境制御のためのプロダクションルールの一例

することができる.

3) 処置（制御）

作物の症状から原因を推定すると種々の原因が確信値付で得られるので，次の段階はその原因である．どのように環境制御をすれば生育環境を改善することができるかを推定するためのエキスパートシステムがさらに必要である．図3.6は，その処置を推定するフレームを用いた知識ベースの例である．推定した原因の確信値があるしきい値を超えればその処置が施される．

3.3 ニューラルネットワーク

a. 基　礎

1) シグモイド関数

ニューラルネットワーク（人工神経回路網）は，図3.7に示すようにいくつもの円を用いてその構造を表す．その円をそれぞれをユニットと呼ぶ．このユニットの働きを知る前にシグモイド関数あるいはロジスティック関数と呼ばれる関数について理解しておく．図3.8に示した曲線がシグモイド曲線である．横軸がxで，xの値をマイナスから0を通ってプラスへと変化させると，yの値は初めx軸に近いが徐々にその値を増し，y軸近くで急に値が増加して$x=0$で$y=1/2$となって，さらにyの値は限りなく1に近づく．このxとyの関係は式（3.5）で示される．この関数は，xがどのような値をとってもyの値は必ず0と1の間の値をとるという特徴があり，この特徴がニューラルネットに利用される．

$$y = \frac{1}{1+e^{-x}} \tag{3.5}$$

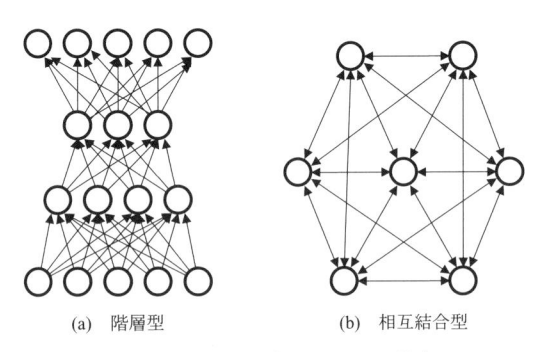

図3.7　ニューラルネットワークの構造

(a) 階層型　　(b) 相互結合型

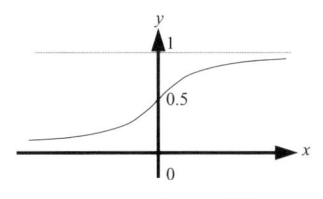

図 3.8 シグモイド関数

2）神経細胞結合モデル

人間などの神経細胞の働きをシグモイド関数などを用いて模倣することができる．シグモイド関数は式 (3.5) に示すように 1 個の入力情報 x しか扱えないので，複数の入力（$X_1 \sim X_n$）を扱うときには工夫が必要である．そこで，ユニットの中にシグモイド関数の他に総和関数を導入する．総和関数は式 (3.6) に示すように入力情報をすべて加算し 1 つの x にする働きがある．

$$x = \sum_{i=1}^{n} X_i \tag{3.6}$$

脳は多数の神経細胞がシナプス結合して複雑に機能するが，ニューラルネットワークも図 3.9 に示すように複数のユニットを結合することで複雑な情報処理機能をもつことができる．図 3.9 に示すようにユニット間の結合はすべてシナプス荷重を介する．図 3.9 に複数の入力情報が処理されて出力される過程を例示する．

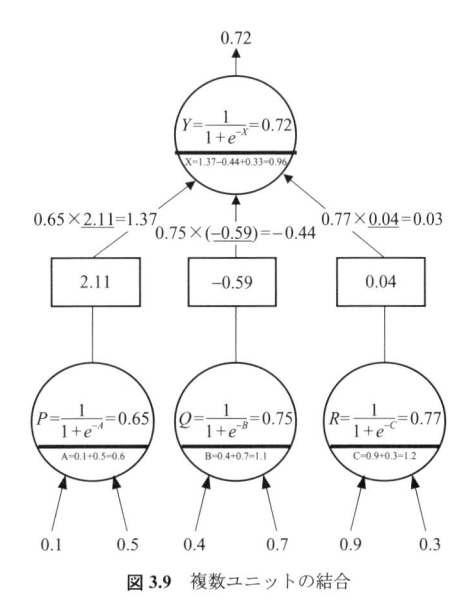

図 3.9 複数ユニットの結合

3) 学　　習

図 3.7 (a) に示す矢印のように，情報が入力側から出力側へと一方向にのみ流れるネットワークが階層型ネットワークで，出力層へ向けての情報伝達のみを考えればよい．ニューラルネットを理解する上でも，その応用面を考える上でも最も扱い易いタイプである．情報を受け取る側に入力層がある．入力層の各ユニットには必ずしも伝達関数を用いる必要はなく，入力値をそのまま然るべき次層のユニットへ伝達すればよい．最終層は出力層でユニットに総和関数は必要であるが，シグモイド関数などの伝達関数は必ずしも必要ではない．入力層と出力層の間に中間層を配置する．中間層の層数は1層以上いくつでもよい．また，入出力層のユニット数は扱う問題によって決定されるが，各中間層のユニット数は任意である．ニューラルネットはいわゆるブラックボックスと考えてよい．つまり，1つのニューラルネットワークはそのネットワークが含むすべてのシナプス荷重が決定されれば，そのネットワークの特性が決まる．

与えられた入出力情報からそのような情報処理が可能なネットワークの特性を決めること，すなわち，与えられた問題が解けるようにニューラルネットのシナプス荷重を決めることをネットワークの学習と呼ぶ．

4) バックプロパゲーション

シナプス荷重が未決定なネットワークにとって与えられた情報とは，ネットワークの今後の挙動を律則する規範となる教師に相当する．したがって，その教師から知識を学び，決められた情報処理が可能になるように学習を行う．このようなことから学習で用いる入出力データを教師データという．教師データを用いて階層型ニューラルネットワークの学習を行うためのアルゴリズムは多々あるが，バックプロパゲーションと呼ばれる方法がよく用いられる．この他，拡張カルマンフィルタや次節で解説する遺伝的アルゴリズムなども適用できる．ここでは多用される3層ニューラルネットワーク（図3.10）を用いてバックプロパゲーションについて述べる．

一般にシナプス荷重の更新は，式 (3.7) で行う．結局，シナプス荷重の修正量 ΔW の計算方法が重要である．$W_{l,ij}$ は l 層の i 番目ユニットと $l+1$ 層の j 番目のユニット間のシナプス荷重である．

$$W_{l,ij}^{New} = W_{l,ij} + \Delta W_{l,ij} \tag{3.7}$$

ΔW の計算方法は次のようなステップを経て求める．

ステップ 1： S 組の教師出力データを T_{si} ($i = 1 \sim n$) が与えられている．ま

3.3 ニューラルネットワーク

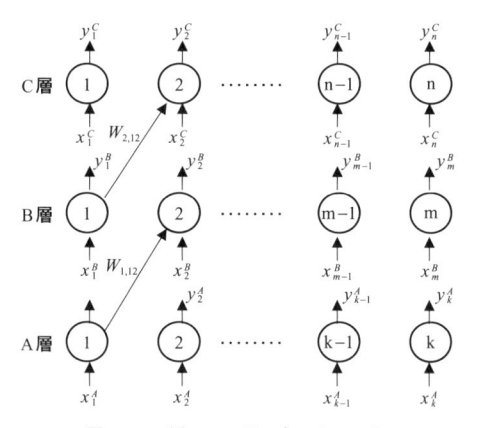

図3.10 3層ニューラルネットワーク

ず，最初の教師データセット T_{1i} を用いる．出力層（C層,ユニット数 = n）と中間層（B層, ユニット数 = m）に接続されたシナプス荷重の修正量 $\Delta W_{2,bc}$ を式 (3.8) により求める．

$$\Delta W_{2,bc} = -\eta \sum_{c=1}^{n}(y_c^C - T_{1c}) \cdot f'(x_c^C) \cdot y_b^B \tag{3.8}$$

ここで，η は学習係数と呼ばれる正の比例定数で $1 > \eta > 0$ である．y_c^C は出力層（C層）のc番目ユニットの出力値（計算結果），f' はシグモイド関数の一次微分関数，y_b^B は中間層（B層）のb番目ユニットの出力値（計算結果），x_b^B は出力層（C層）のc番目ユニットの入力値の総和（計算結果）である．

ステップ2: 中間層（B層,ユニット数=m）と中間入力層（A層,ユニット数=k）に接続されたシナプス荷重の修正量 ΔW_{1ab} を式 (3.9) により求める．

$$\Delta W_{1,ab} = -\eta \left(\sum_{c=1}^{n}(y_{C_c}^C - T_{1c}) \cdot f'(x_c^C) \cdot W_{2,bc} \right) \cdot f'(x_b^B) \cdot y_a^A \tag{3.9}$$

ここで，y_b^B は入力層（A層）のa番目ユニットの出力値（計算結果），x_b^B は中間層（B層）のb番目ユニットの入力値の総和（計算結果）である．実際の数値計算上では収束を早めたり計算過程での解の振動や発散を抑制するために慣性項（1ステップ前の修正量）を加えた式 (3.10) を用いる．ここで, ε は慣性係数と呼ばれる正の比例定数で $1 > \varepsilon > 0$ である．

$$W_{l,ij}^{New} = W_{l,ij} + \Delta W_{l,ij} + \Delta W_{l,ij}^{Old} \tag{3.10}$$

ステップ3: 教師データとして次のデータセット T_{2i} を用いてステップ1へ戻り,誤差が目標以下になるまでこの手順を繰り返す．

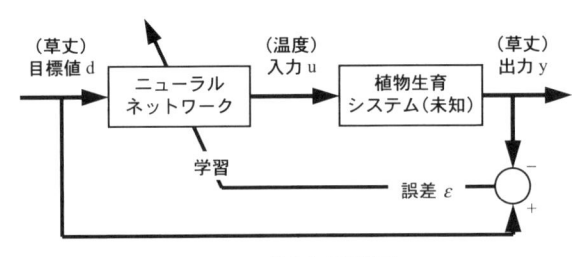

図 3.11　特殊化学習機構

b. 制御への応用

　生物生産環境あるいはさらに進んで植物育成など，生物システムそのものの制御を考える場合，時々刻々変化する外的・内的条件に順応する制御が必要となる．制御工学の分野では，最適制御あるいは学習制御の研究が進められ種々の制御方式が提案されている．しかし，生物システムのように制御対象の構造が未知であったり，非線形性が強かったり，さらにノイズを多く含んでいたりするシステムに対して完全な解決法はいまだ示されていない．しかし，その中で制御対象の構造にもそれほど依存せず，制御環境条件に適応する自己組織化を図る学習制御方式としてニューラルネットワークを用いた適応制御方式が注目されている．図 3.11 は，特殊化学習機構といわれるものである．たとえば，ある植物の生長を温度で制御したいが植物の生長システムの構造が不明である場合，植物システムを未知のまま放置し，制御系にニューラルネットを導入する．草丈などの生長の目標値（d）をニューラルネットに入力するとそのネットワークはある制御量である温度（u）を出力する．その出力は未知な植物生育システムに入力として加えられ（生物環境としてある温度を与えるという意味），その結果がある生長（草丈の増加など）として出力される．そのとき，結果として得られた草丈の増加とニューラルネットに入力した目標値との誤差が 0 になるようにニューラルネットを学習させれば，学習完了後の出力（y）は理論的には正確に目標の草丈になる．学習完了後のニューラルネットは実際上，植物生育システムの入出力を入れ換えた逆システムを構成していることになるので当然良好な制御結果が期待できる．

3.4　遺伝的アルゴリズム

a. 基　　礎

　遺伝的アルゴリズム（GA:genetic algorithm）の基本的な流れを図 3.12 に示す．まず，対象となる問題の解候補を遺伝子座にコーディングし，初期値（初期世代）

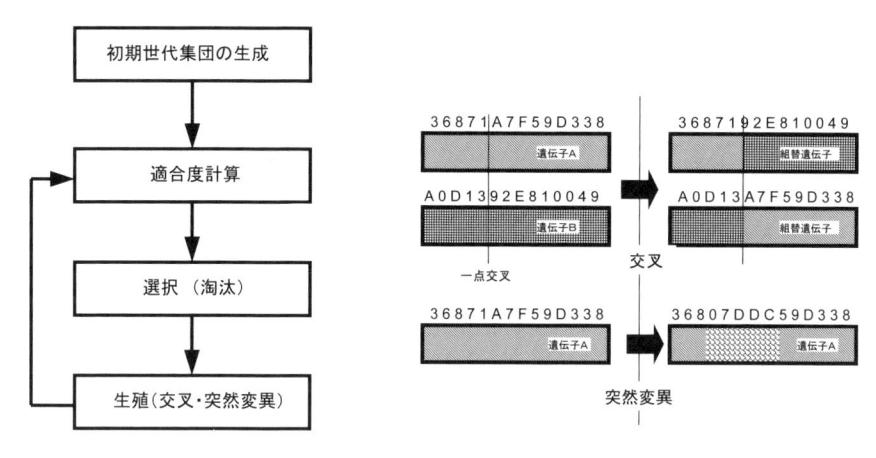

図 3.12 遺伝的アルゴリズム　　　　　**図 3.13** 遺伝的オペレーション

は乱数で与える．次に現在の集団の各個体について適合度を計算した後，ただちに終了条件（世代数など）を判定する．さらに，現在の集団から適合度の高い個体を選択する（淘汰）．選択された個体に対して交叉や突然変異といった遺伝的処理を行って，次の世代の集団を生成する．そして再び適合度計算のステップへ戻りこのプロセスを反復する．図 3.13 に GA オペレータである交叉と突然変異の例を示す．交叉により遺伝子にビルディングブロック（良い形質が集まった非切断部分）を形成して早く解が求まる可能性もあるが，反面局所解に陥ることも多い．突然変異は遺伝子の一部あるいは全部に新しい形質を注入し，局所解から脱出するチャンスを与えることや解候補集団の均一化を抑制する．

b. 制御系設計への応用例

遺伝的アルゴリズムは，ニューラルネットワークやファジィのように単独でシステムモデルとなったり制御器を構成することができない．必ず何かほかの数学モデル，ファジィモデル，ニューロモデルあるいはそれらの組み合わせなどと一緒に用い，最適化問題へ導く必要がある．ここでは具体的に 2 入力（u_1, u_2）2 出力（y_1, y_2）の ARMAX モデルを用いた干渉系のフィードバック制御について遺伝的アルゴリズムの適用例を示す．図 3.14 は例題の制御系である．制御器は得られた双方の偏差を元に未知プラントへ操作量 1 および 2 を加え偏差が 0 になるような制御を行う．未知プラントの入出力データは図 3.15 に示されている．そのデータは時間ステップが 1 の離散時間系で 2 つの周期の異なる正弦波を入力した

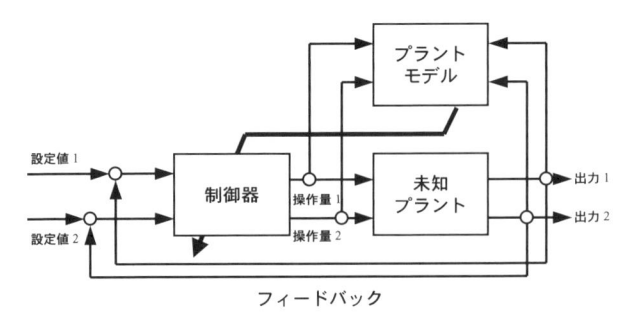

図 3.14　2入力2出力適応制御系

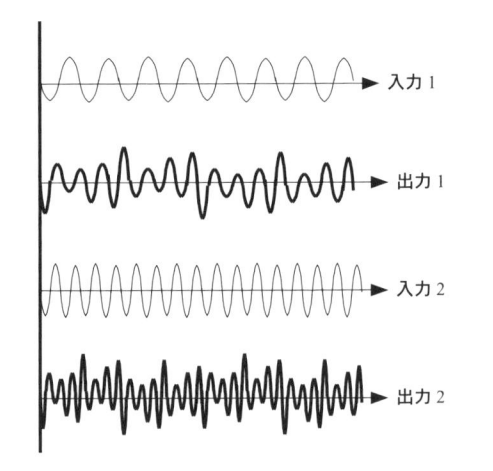

図 3.15　未知プラントの入出力データ例

ときの定常状態の出力を記録したものである．この入出力データを0からnステップ（$t=n$）まで用いて，式（3.11）に示す線形システムモデルを遺伝的アルゴリズムを用いて同定する．この同定は16個のパラメータを決定することである．システム同定では遺伝子に16個のパラメータをコーディングする．適応度についてはnステップ後の出力誤差が小さいものほど適応度が良いという評価を行う．システム同定が完了すれば，すなわち式（3.11）の係数が定まればuにどのような離散時系列データを代入してもyの値は計算できるので，外乱によって生じた偏差を打ち消す入力値（最適デューティー比の組み合わせ）を遺伝的アルゴリズムを用いて探査し，プラントへ入力すれば制御器の役割を果たすことになる．

3. 知 的 制 御　　　　　　　　　57

$$\begin{Bmatrix} y_t^1 \\ y_t^2 \end{Bmatrix} = \begin{bmatrix} a_1^{11} & a_1^{12} \\ a_1^{21} & a_1^{22} \end{bmatrix} \begin{Bmatrix} y_{t-1}^1 \\ y_{t-1}^2 \end{Bmatrix} + \begin{bmatrix} a_2^{11} & a_2^{12} \\ a_2^{21} & a_2^{22} \end{bmatrix} \begin{Bmatrix} y_{t-2}^1 \\ y_{t-2}^2 \end{Bmatrix} - \begin{bmatrix} b_1^{11} & b_1^{12} \\ b_1^{21} & b_1^{22} \end{bmatrix} \begin{Bmatrix} u_{t-1}^1 \\ u_{t-1}^2 \end{Bmatrix} + \begin{bmatrix} b_2^{11} & b_2^{12} \\ b_2^{21} & b_2^{22} \end{bmatrix} \begin{Bmatrix} u_{t-2}^1 \\ u_{t-2}^2 \end{Bmatrix}$$

(3.11)

〔村瀬治比古〕

演 習 問 題

問 3.1 3.1の車の直進走行制御の問題で入力がファジィ数 μ_{IN} (6,2) で与えられたときのハンドルの操作量を求めよ.

問 3.2 栽培中の作物のようすを観察したところ,葉の色が薄くしかも果実数が少なかった.このようすから溶液濃度が低いことが原因であることは間違いないと推論するときの確信値を図 3.4 から求めよ.

問 3.3 多層型ニューラルネットワークの第 l 層の i 番目ユニットと第 $l+1$ 層の j 番目のユニット間のシナプス荷重 $W_{l,ij}$ の修正量 $\Delta W_{l,ij}$ を次の $\delta_{l,j}$ を用いて表せ.

$$\delta_{l,j} = \left(\sum_{k=1}^{u} \delta_{l+1,k} W_{l+1,jk} \right) f'(x_{l+1,j}) \qquad u: 第 l+2 層のユニット数$$

問 3.4 図は2入力1出力の3層型ニューラルネットワークである.中間層と出力層の各ユニットは総和関数とシグモイド関数 $1/(1+e^{-2x})$ で構成されている.入力ユニットはデータを中間層の各ユニットにそれぞれのシナプス荷重を介してデータを渡す機能のみをもつ.ただし,W1=0.4911,W2=4.6895,W3=0.4911,W4=4.7013,W5=−36.2135,W6=29.1151 である.このニューラルネットはある論理演算を行うことができる.どのような論理演算か試行により推定せよ.

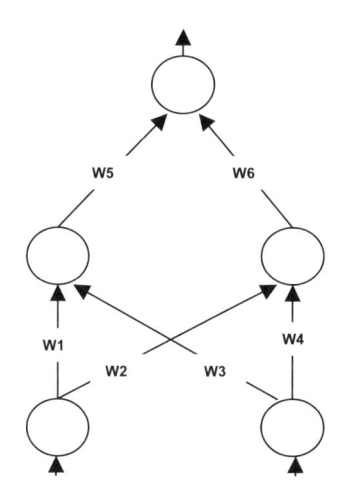

問 3.5 式 (3.11) にある一つの係数 a_1^{11} が 0.0282 であるとしたとき,この実数を16ビットの遺伝子座にコーディングしたところ 0000011100111011 となった.この遺伝子が他の遺伝子と交叉を繰り返したところ 1001110001011010 になった.このときの a_1^{11} の値はいくつか.

文　　献

1) 石田良平, 他：パソコンで学ぶ遺伝的アルゴリズムの基礎と応用, 森北出版, 1997.
2) 岡本嗣男, 他：生物にやさしい知能ロボット工学, 実教出版, 1992.
3) 菅野道夫：ファジィ制御, 日刊工業新聞社, 1988.
4) 高橋安人：ディジタル制御, 岩波書店, 1986.
5) 中溝高好：信号解析とシステム同定, コロナ社, 1988.
6) ファイトテクノロジー研究会編：ファイトテクノロジー, 植物生産工学, 朝倉書店, 1994.
7) 星　岳彦, 他：バイオエキスパートシステムズ, コロナ社, 1990.
8) 村瀬治比古, 他：パソコンによるカルマン・ニューロコンピューティング, 森北出版, 1995.

4. メカトロニクス

4.1 電子工学の基礎

本章ではメカトロニクスに必要な電子工学の基礎として，電気物理学，電磁気学，オームの法則，交・直流回路と回路素子の特性，半導体の動作原理と放熱設計，アナログおよびディジタル回路の動作原理，応用例などについて述べる．

a. 電気物理学

静電気： たとえば物体間の摩擦で生じる電気．＋と－があり，電子が不足する物体は＋に，電子が過剰になる物体は－に帯電する．発生する両電荷の量は等しく，どちらに帯電するかは物体によって異なる．

クーロンの法則： 2つの電荷間に作用する力（電気力）は電荷の強さに比例し，距離の2乗に反比例する．両電荷が同符号なら斥力，異符号なら引力になる．

静電誘導作用： 帯電した物体を絶縁された導体に近づけた時，物体に近い側に異種の，遠い側に同種の電荷が現れ，遠ざけると中和して消滅する現象をいう．

電界(電場)，電気力線，等電位面： 電気力の働く空間を電界または電場という．電界の強度と方向を表す仮の線が電気力線，電界内の電位の等しい点を結んだ面が等電位面である．

b. 電磁気学

磁気のクーロンの法則： 2つの磁極間に作用する力（磁気力）は磁気の強さに比例し，距離の2乗に反比例する．同極なら斥力，異極なら引力になる．

磁界(磁場)・磁気誘導作用： 磁気力の働く空間を磁界または磁場という．また，軟鉄に磁石を近づけると磁化されることを磁気誘導作用という．

右ねじの法則： 右ねじの進む方向に電流を流すと，ねじを回す方向に磁界を生じること．

フレミングの左手則： 一様な磁界と直交する導体に電流を流すと，元の磁界と電流による磁界との間の電磁力を導線が受ける．ここで，左手の親指，人指し

指，中指を互いに直角になるように開き，中指と人指し指をそれぞれ電流と磁界の方向に一致させると，親指の向きが電磁力の方向を示す．これがフレミングの左手則である（例，モータ）．

電磁誘導・フレミングの右手則： 一様な磁界中で導体を動かす，あるいは導体を固定して磁界を変化させるというように，磁界と導体の相対位置を変化させると導体に起電力が生じ，電流が流れる．この現象が電磁誘導である．左手則と同様に，親指と人指し指をそれぞれ導体の運動方向と磁界の方向に一致させると，中指が起電力により生じる電流の方向を示す．これがフレミングの右手則である（例，発電機）．

c. 直流および交流回路
1）直流回路

オームの法則： 図 4.1 のように抵抗 R に起電力 E を加えるとき，回路に流れる電流 I は，$I=E/R$ で求めることができる．

逆起電力： 回路に加えた電圧を打ち消す方向の電圧を逆起電力と呼ぶ．抵抗（R:resistance）の場合は $I \cdot R$ という逆起電力が生じる．インダクタンス（L:inductance）の逆起電力は電磁誘導で，キャパシタンス（C:capacitance）の逆起電力は静電誘導で生じる．

キルヒホッフの法則： 第 1 則は電流の連続性を，第 2 則は電圧の平衡性を表す．

・第 1 則： 1 接続点に流入・流出する電流の総和は 0 である．ただし，流入電流と流出電流の符号は逆にする．

・第 2 則： 1 閉路について，同一方向にすべての起電力と逆起電力を加えたものは 0 である．ただし，起電力が電流の向きと逆方向なら負の起電力として計算する．

直流の電力： 直流電力 P は $P=E \cdot I=I^2 \cdot R=E^2/R$ で求めることができる．

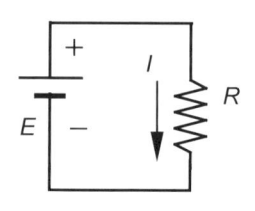

図 4.1 オームの法則

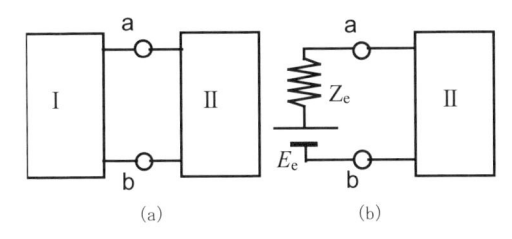

図 4.2 鳳-テブナンの定理

鳳-テブナンの定理： 線形回路網を a, b の 2 端子で分けるとき（図 4.2(a)），回路 I は a-b 間の開放電圧に等しい電圧源 E_e と内部抵抗 Z_e の直列と等価になる（図 4.2(b)）．

直流電源の記号とその性質： 直流電源には電圧源と電流源がある．これらは理想状態と実際の回路では挙動が異なるため，記号と特徴をまとめて表 4.1 に示す．

抵抗の接続と合成抵抗の求め方： 抵抗の接続には直列（series）と並列（parallel）があり，それぞれの合成抵抗 R の値は次式で求めることができる．

$$\text{直列の場合}: R = R_1 + R_2 + R_3 + \cdots = \sum_{i=1}^{n} R_i$$

$$\text{並列の場合}: \frac{1}{R} = \frac{1}{R_1} + \frac{1}{R_2} + \frac{1}{R_3} + \cdots$$

特に抵抗 2 個を並列に接続する場合は，$R = R_1 \cdot R_2 / (R_1 + R_2)$ で求めることが多い．

コンデンサとコイルの原理： 絶縁体を 2 枚の金属板で挟んだものをコンデンサといい，静電容量をもつ．静電容量は絶縁体の比誘電率と極板の面積に比例し，極板間の距離に反比例する．理想コンデンサは直流電流を流さない．コンデンサの直列は極板間の距離を加算した場合と等価になり，合成容量は抵抗の並列の式

表 4.1 電圧源と電流源

	電圧源		電流源	
	直流	交流	直流	交流
記号	E		I	
理想の場合	電圧 E を発生し内部抵抗 $r=0$．電流が変化しても電圧は一定．		電流 I を発生し内部抵抗 $r=\infty$．電圧が変化しても電流は一定．	
実際の場合	電圧 E を発生し，電圧源に直列の内部抵抗 r をもつ．		電流 I を発生し，電流源に並列な内部抵抗 r をもつ．	

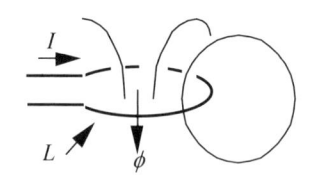

図 4.3 コイルと磁束

と同様になる．並列の場合は極板面積を合計した場合と等価になり，合成容量は抵抗の直列の式と同様になる．また，導線を円形に曲げたものをコイルといい，図 4.3 のようにコイルと鎖交する磁束を生じる．理想コイルには電位差が存在せず，直列及び並列は抵抗の場合と同じである．

部品の知識： 抵抗は，抵抗体の材料，形状，許容電力量などによりいろいろな種類が製作されている．実際の抵抗では L 成分と C 成分が存在し，交流では無視できない場合もある．電子部品の値と誤差は JIS の E 系列（表 4.2）で規定され，抵抗では主に E-24 系列が用いられる．抵抗値と誤差は数値と記号（J, K）またはカラーコードで表示される．表 4.3 と図 4.4 にカラーコードの値とその例を示す．コイルは，コアの有無，周波数範囲，巻き方で区別され，巻数の増加とともに導線の抵抗が無視できなくなり，抵抗成分や隣接する導線との間で C 成分を生じる．コンデンサは誘電体の違いで用途が分かれ，絶縁抵抗が無限大にはならないため，抵抗成分を生じ，漏洩電流が流れる．コンデンサの値は，容量の直接表示法と 3 桁の数字と誤差記号（J, K, M）による表示法とが用いられている．また，配線も

表 4.2 E 系列の値

E6 系列	E12 系列	E24 系列
$\left(\sqrt[6]{10}\right)^n$	$\left(\sqrt[12]{10}\right)^n$	$\left(\sqrt[24]{10}\right)^n$
±20%, M 級	±10%, K 級	±5%, J 級
1.0	1.0	1.0, 1.1
	1.2	1.2, 1.3
1.5	1.5	1.5, 1.6
	1.8	1.8, 2.0
2.2	2.2	2.2, 2.4
	2.7	2.7, 3.0
3.3	3.3	3.3, 3.6
	3.9	3.9, 4.3
4.7	4.9	4.7, 5.1
	5.6	5.6, 6.2
6.8	6.8	6.8, 7.5
	8.5	8.5, 9.1

表 4.3 カラーコードの値

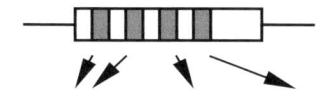

色	数字	×10ⁿ の n の値	許容差
銀	−	-2	±10%
金	−	-1	± 5%
黒	0	0	±20%
茶	1	1	± 1%
赤	2	2	± 2%
橙	3	3	± 3%
黄	4	4	
緑	5	5	
青	6	6	
紫	7	7	
灰	8	8	
白	9	9	

有効数字　乗数　許容差

有効数字が3桁のものは3本になる．

図 4.4 カラーコード

扱う信号周波数によっては L 成分と C 成分をもつことになる．

2）交流回路

　正弦波を扱う交流回路でも直流回路の法則はすべて成立する．交流回路では電圧，電流，電力が時間関数で表され，素子によっては電圧と電流の間に位相差を生じる．また交流の二乗平均値の平方根を実効値（r.m.s.）という．通常の交流表示は実効値である．

　交流電源の記号：　交流電圧源と電流源の記号を表 4.1 に示す．特徴は直流と同じである．

　交流に対する回路素子の働き：　時間領域で交流回路を見ると，抵抗は電圧・電流間に位相差がなく，キャパシタンスでは電圧に対して電流の位相が 90°進み，インダクタンスでは 90°遅れる．交流回路の解析では，①扱う信号が正弦波で，②回路が線形であり，③定常現象の場合は，時間関数よりも複素数で表現するほうが便利である．交流の逆起電力の式は，複素量の電圧 e，電流 i，インピーダンス Z（impedance）を用いれば，$e = i \cdot Z$ となり，直流回路の解析と全く同じになる．インピーダンス Z は直流の抵抗に相当し，$Z = R + jX$ で表される．R は抵抗，X はリアクタンス（reactance）を表し，インダクタンスの場合を誘導性リアクタンス（$X_L =$

ωL），キャパシタンスの場合を容量性リアクタンス（$X_C = -1/\omega C$）と呼ぶ．Z, R, X の単位は Ω で，合成の式は抵抗の場合と等しい．

交流電力： 交流電力の計算式は直流の場合と基本的には等しいが，電圧・電流間の位相差を考慮して，皮相電力（$P_a = E_e \cdot I_e$），実効電力（$P_e = P_a \cdot \cos\phi$），無効電力が用いられる．ただし，E_e, I_e は実効値，P_a と P_e の単位はそれぞれ（W）と（VA：volt-ampere），$\cos\phi$ は力率である．

共振回路： 共振回路とは特定の周波数を扱う回路で，素子の接続方法で直列共振と並列共振に区別される．直列共振回路では共振周波数でリアクタンス成分が 0 になり，インピーダンスが最小になる．並列共振回路では共振周波数でインピーダンスが最大になり，回路全体の電流は最小になるが，素子を並列にした部分のみに流れる電流は極大になる．

4.2 電子デバイス

a. N 型半導体と P 型半導体

半導体とは，一定以上の電界があれば価電子の移動が起こり，電流が流れるものをいう．半導体のベースである周期律表第IV族のシリコン（Si）の結晶中に，第V族のアンチモン（Sb）やヒ素（As）（ドナー不純物という）をごく微量だけ混入すると，4 価の Si 原子に対し，Sb 原子は 5 個の価電子をもつため，共有結合の電子が 1 個余る．電界をかけるとこの余剰電子が動き，電流が流れる．このように電子の移動で作動する半導体が N 型半導体である．

逆に，第IV族に第III族のガリウム（Ga）やインジウム（In）（アクセプタ不純物）をごく微量だけ混入すると，価電子が 3 個の Ga 原子は共有結合の腕が 1 本不足する．このように価電子が不足する状態を正孔（hole）と呼び，＋の電荷を持った荷電粒子のように作用する．電界をかけると正孔は近傍に存在する価電子で埋められるが，動いたほうの価電子はそれ自身が後に電子の不足状態を残すことになり，あたかも正孔が動いたようにふるまう．このように正孔をもつ半導体を P 型半導体という．

b. PN 接合とダイオードの動作原理と特性

P 型半導体と N 型半導体を組み合わせたものが PN 接合である．ダイオードは PN 接合による素子である．図 4.5 にダイオードの記号と動作原理を示す．PN 接合に電圧をかけない時（図 4.5(a)）は，正孔と電子が各半導体中に分散している．

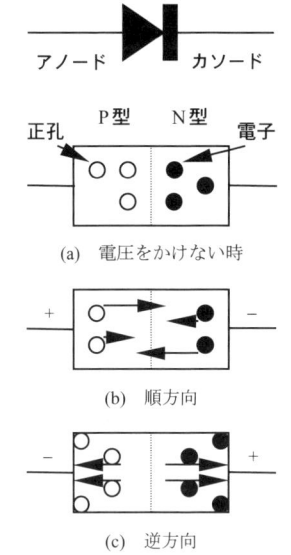

図 4.5 ダイオードの記号と動作原理 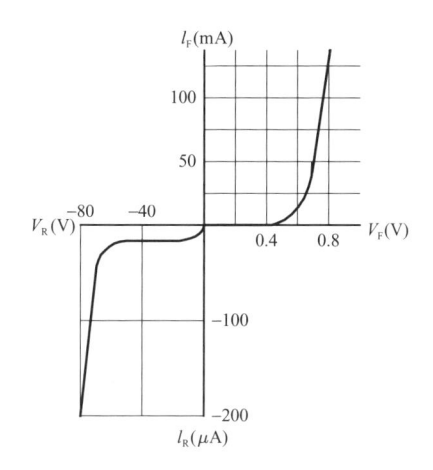 **図 4.6** Si ダイオードの静特性

次に同図(b)のように，P 型に＋，N 型に－の電圧をかけると，正孔は－極に，電子は＋極に引き付けられて移動し，電流が流れる．これを順方向という．逆に P 型に－，N 型に＋の電圧をかけると，同図(c)のように正孔と電子は各端子に引き付けられ，接合部付近には正孔も電子もほとんどなくなる．これを逆方向といい，電子と正孔のない部分を空乏層という．

次に小型シリコンダイオードの静特性を図 4.6 に示す．図の第 1 象限が順方向特性，第 3 象限が逆方向特性である．順方向では，ダイオードに加わる順方向電圧 V_F が約 0.6V 以上になると順方向電流が流れ始める．逆方向では，電圧が降伏電圧を越えるまでは 5～6nA の逆方向電流が流れ，降伏電圧を越えると電流が急激に流れ（ツェナー現象），最終的には破壊に至る．以上からダイオードの動作特性は，①順方向導通部分（整流特性），②非導通部分（可変静電容量特性），③逆方向導通部分（降伏特性）の 3 つに分けられる．①は通常の動作で，整流や検波が該当する．②は空乏層の大きさが逆方向電圧の大きさに比例し，コンデンサになることを利用するもので，可変容量ダイオード（バリキャップ）と呼ばれる．③は降伏電圧が一定になることを利用するもので，ツェナーダイオードと呼ばれる．

c. トランジスタの構造と動作原理

トランジスタは P 型半導体と N 型半導体をサンドイッチ構造にしたもので，PNP 型と NPN 型がある（図 4.7 参照）．図 4.8 は NPN 型トランジスタの動作原理である．最初に，ベース-エミッタ間の PN 接合に順方向の電圧 V_{BE}（ただし $V_{BE} > V_F$）をかけると，ベース電流 I_B が流れる．次にエミッタを共通端子として，ベース電圧よりも高い電圧 V_{CE} をコレクタ-エミッタ間にかける．コレクタ-ベース間の PN 接合は逆方向であるが，ベースの厚みが薄いため，エミッタから注入さ

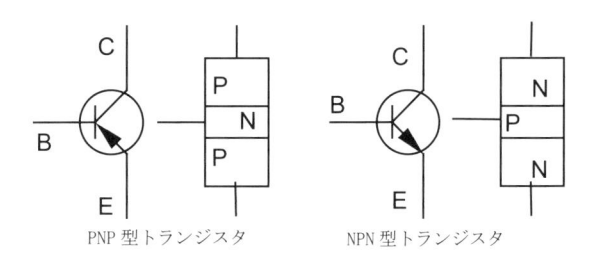

図 4.7 トランジスタの構造と記号

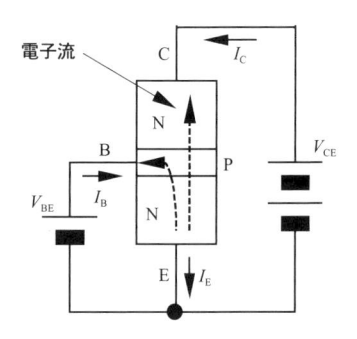

図 4.8 トランジスタの動作原理

れた電子流の大部分はベース-コレクタ接合面を越えてベースよりも電界の高いコレクタに吸い取られ，コレクタ電流が流れる．これが NPN 型トランジスタの動作原理である．PNP 型の場合は電流の方向と電源の向きが反対になる．ここで，ベース電流とコレクタ電流の比（I_c/I_b）を直流電流増幅率 h_{FE} という．

d. FETの構造と動作原理

図4.9は接合型電界効果トランジスタ（FET:field effect transistor）の構造で，電流供給口のソースと電流排出口のドレインはチャンネルで結合され，その間にゲートがある．ゲート-ソース間のPN接合には逆電圧が加えられているので，チャンネルには空乏層が生じる．空乏層の大きさを変えることにより，ドレイン-ソース間に流れるドレイン電流が制御される．FETはチャンネル部分の半導体により，PチャンネルFETとNチャンネルFETに分けられる．また接合型ゲートの代わりに，酸化金属皮膜の絶縁体（MOS:metal oxide semiconductor）を用いたMOS-FETも用いられる．

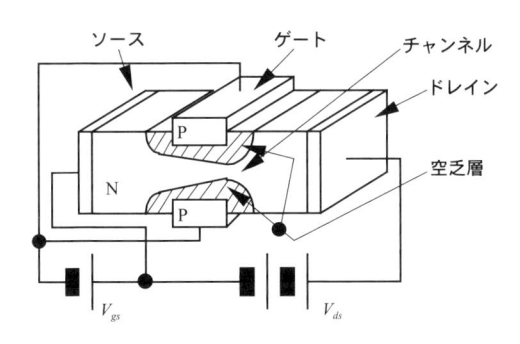

図4.9 EFTの構造と動作原理

e. 半導体の放熱設計の考え方

抵抗に電流を流すと電力が生じるのと同様に，半導体ではPN接合にかかる電圧と流れる電流で決まる電力が生じる．半導体が耐えられる電力は許容損失として最大定格で決められており，通常，小信号用では周囲温度 T_a=25℃で，大電流用の半導体ではケース温度 T_c=25℃で規定される．したがって，動作時の周囲温度と消費電力により，ヒートシンク（放熱板）の要・不要と，必要な場合はその大きさを決定する必要がある．

ヒートシンクを用いる場合，T_c=25℃の規格は面積が無限大のヒートシンクに半導体を取り付けることを意味し，実用的ではない．そこで，図4.10のように各部の熱の伝達程度を表す熱抵抗 θ（℃/W）を定義し，放熱設計を行う．接合部で発生

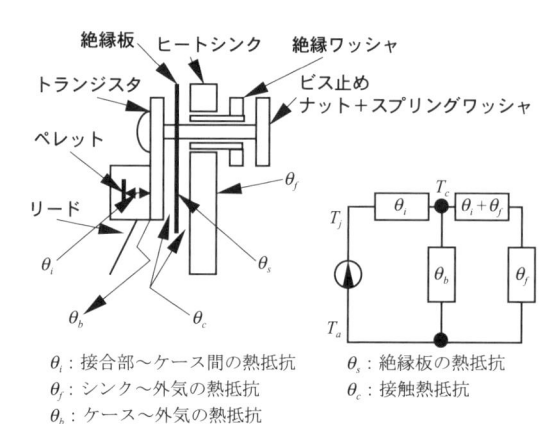

図 4.10 放熱の様子と等価回路

θ_i：接合部〜ケース間の熱抵抗
θ_f：シンク〜外気の熱抵抗
θ_b：ケース〜外気の熱抵抗
θ_s：絶縁板の熱抵抗
θ_c：接触熱抵抗

する熱は，半導体のケースを経て直接外気に伝導する経路と，ケースから絶縁板を経てヒートシンクから外気に伝導する経路に分けられる．したがって，接合部から外気までの全熱抵抗 θ_T は，等価回路から次式のようになる（ただし，$\theta_b > \theta_s + \theta_c + \theta_f$）

$$\theta_T = \theta_i + \frac{\theta_b \cdot (\theta_s + \theta_c + \theta_f)}{\theta_b + \theta_s + \theta_c + \theta_f} \approx \theta_i + \theta_s + \theta_c + \theta_f \tag{4.1}$$

ここで θ_T は，発生する電力 P_D，接合部の許容温度 T_j（大略 125℃），許容周囲温度 T_a から $\theta_T = (T_j - T_a)/P_D$ で求めることができる．θ_i は半導体固有のもので，θ_T の式において T_a を T_c(=25℃)と，P_D を半導体の許容損失 P_c とおいて求めることができる．θ_c はケース〜ヒートシンク間の接触熱抵抗で，接触面の平坦度や接触面積，ケースの締め付け方に影響されるため，接触面に耐熱性のシリコン・グ

表 4.4 ケース〜ヒートシンク間の熱抵抗

ケース	絶縁板	$\theta_s + \theta_c$ の値	
		シリコン有	シリコン無
TO-3 (パワーTr)	なし	0.1	0.2
	マイカ	0.3〜0.4	0.6〜0.8
	テフロン	0.7〜0.8	1.25〜1.45
TO-66 (小型パワーTr)	なし	0.15〜0.2	0.4〜0.5
	マイカ	0.5〜0.6	1.0〜1.1
	マイラ	0.6〜0.8	1.2〜1.4
TO-220 (3端子型)	なし	0.4	0.6
	マイカ	1.2〜1.4	1.8〜2.0

リースを塗布して接触面の影響を小さくする．θ_s は絶縁板の熱抵抗である．表 4.4 にケースとヒートシンク間の熱抵抗の概略値を示す．θ_f はヒートシンクの熱抵抗である．θ_f は表面積に反比例するため，表面を櫛状に加工して表面積を広げたヒートシンクが用いられる．実際に求めるのはヒートシンクの面積であるため，式（4.1）を変形して θ_f を求めればよい．

4.3 アナログ回路

アナログ回路は電流，電圧，周波数などのアナログ量を扱う回路である．個別半導体で構成した場合は取り扱いや製作が困難な場合が多かったが，最近では演算増幅器（OP アンプ）の利用が普通になり，高精度で安定性の良好な回路を簡単に作ることが可能になった．

a. OP アンプによる増幅回路

OP アンプは複数個のトランジスタ，ダイオード，抵抗などを 1 つのパッケージに組み込んだ集積回路（IC）で，高利得の増幅器である．OP アンプの基本的な使い方は，1) 反転増幅器，2) 非反転増幅器，3) 差動増幅器，4) 比較回路の 4 つである．

1) 反転増幅器 (inverting amplifier)

反転増幅器は，(1) 入力と出力が逆位相，(2) 入力インピーダンスが低く，電流入力型，(3) 非反転入力端子を色々な用途に使うことができる，(4) スルー・レートが大きい．という特徴がある．図 4.11 は反転増幅回路の接続図，表 4.5 はこの回路の定数である．反転増幅器の増幅度 A_{NF} は，$A_{\mathrm{NF}} = -R_f/R_s$ である．

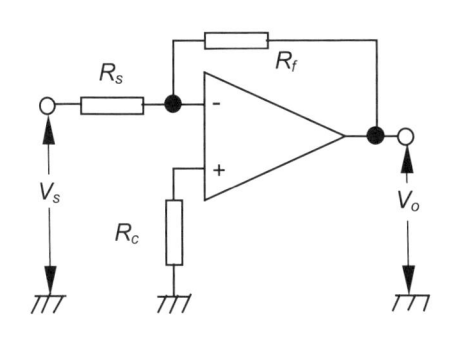

図 4.11 反転増幅回路

表 4.5 反転増幅器のゲインと各定数

A_{NF}	R_s	R_f	R_c	f_B	R_{in}
-1	10kΩ	10kΩ	5.0kΩ	1MHz	10kΩ
-10	10kΩ	100kΩ	9.09kΩ	100kHz	10kΩ
-100	1kΩ	100kΩ	990Ω	10kHz	1kΩ
-1000	100Ω	100kΩ	99.9Ω	1kHz	100Ω

表 4.6 非反転増幅器のゲインと定数

A_{NF}	R_s	R_f	f_B	R_{in}
1	∞	0	1MHz	400MΩ
10	1kΩ	9.0kΩ	100kHz	400MΩ
100	100Ω	9.9kΩ	10kHz	280MΩ
1000	100Ω	100kΩ	1kHz	80MΩ

2) 非反転増幅器 (non-inverting amplifier)

非反転増幅器は, (1) 入力と出力が同極性, (2) 高入力インピーダンス, (3) 電圧入力専用, (4) 入力のダイナミック・レンジが狭い, という特徴がある. 図 4.12 は非反転増幅器の接続図, 表 4.6 は回路定数である. 非反転増幅器の増幅度 A_{NF} は $A_{NF}=1+R_f/R_s$ で求められる. $R_s=∞$ の時は $A_{NF}=1$ となり, 出力にはいつも入力と同じ信号が現れる. これをボルテージ・フォロワという.

3) 差動増幅器 (differential amplifier)

OP アンプの反転増幅と非反転増幅を図 4.13 のように同時に行うと, 2 つの入力の差を増幅する回路ができる. これが差動増幅器である. 差動増幅器は, 2 つの入力信号に共通に含まれている雑音などの同相成分を取り除くときや, 歪み測

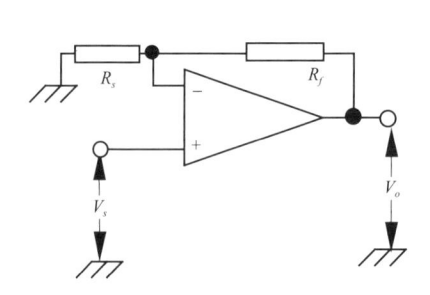

図 4.12 各非反転増幅回路　　図 4.13 作動増幅回路

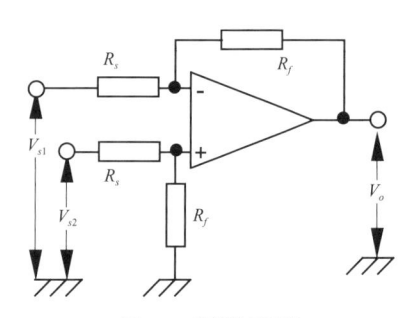

4.3 アナログ回路

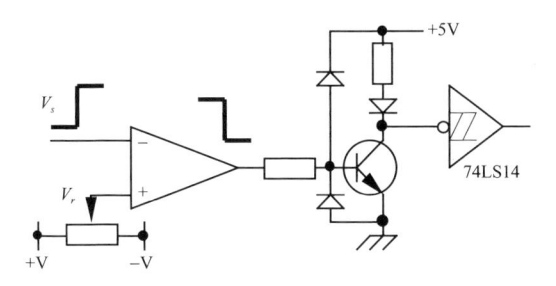

図 4.14 比較回路と IF 回路

定器のようにブリッジ式のセンサ回路を用いて目的とする信号のみを検出するために用いられる．

4) 比較回路（comparator）

比較回路はアナログ信号をオン・オフ信号に変換する A/D 変換回路である．OP アンプを比較回路に使用する場合は，(1) オープン・ループで安定に動作し，応答が速いこと，(2) ディジタル回路に接続しやすいこと，といった性質が求められる．図 4.14 に比較回路（左）とディジタル回路への変換部（右）を示す．比較回路は，基準電圧を非反転入力側に，信号を反転入力側に加えてその大小を比較する．この場合，入力信号 V_s ＞基準電圧 V_r ならば出力電圧は－12V 程度に，逆の場合は+12V 程度になる．信号電圧と基準電圧の端子を逆にすれば，出力の符号が図とは反対になる．

b. OP アンプによるアクティブフィルター

RC や LC の組み合わせによるフィルタをパッシブ・フィルタと呼ぶのに対し，OP アンプのフィードバックループに微分・積分回路を組み込んだものをアクテ

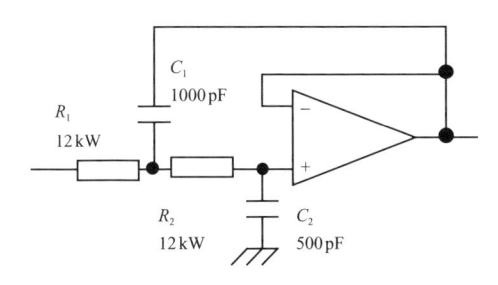

図 4.15 アクティブ・ローパス・フィルター

ィブ・フィルタと呼ぶ．図 4.15 は非反転増幅器を用いたアクティブ・ローパス・フィルタの実例である．ハイパス型は CR の位置を入れ換えればよい．フィルタには，帯域内での周波数特性が平坦になるバタワース型と，パルス入力に対する整定時間が最小になるチェビシェフ型の 2 形式がある．図の定数は 2 次のバタワース・フィルタで，カットオフ周波数を f_0，$R_1=R_2=R$ とすれば，CR の定数は次式のようになる．

$$C_1 = \frac{1}{\sqrt{2}\pi f_o R} \qquad C_2 = \frac{1}{2\sqrt{2}\pi f_0 R} = \frac{C_1}{2} \qquad (4.2)$$

一方，チェビシェフ型の場合は，次式で求められる．

$$C_1 = \frac{R_1 + R_2}{2\sqrt{3}\pi f_0 R_1 R_2} \qquad C_2 = \frac{\sqrt{3}}{2\pi f_0 (R_1 + R_2)} \qquad (4.3)$$

4.4　ディジタル回路

a.　10 進，2 進，BCD，16 進の関係

数を数える最小単位は 0 と 1 の 2 値で表される 2 進数であり，2 値を扱う電子回路がディジタル回路である．電子回路では 2 進数は簡単に実現でき，電圧がしきい値より高いか低いかを値 0 と 1 で，または状態量 H と L で表す．コンピュータ内の演算は 2 進数と 2 進化 10 進数（BCD）で行われ，2 進数を 16 進数で表現することが普通になっている．表 4.7 にこれらの関係を示す．ここで，2 進化 10 進数は 2 進数であるが 10 進数の条件で桁上がりを生じる．16 進数の場合は記号としてアルファベットの A〜F を使うことと，他の数と区別するために末尾に H を付けるか先頭に &H を付けることが習慣になっている．

b.　ブール代数，真理値表，基本論理操作

2 値を扱う数学がブール代数である．ブール代数では，2 値を 1 と 0 で表し，論理積（AND），論理和（OR），否定（NOT）の 3 つの基本演算を定義する．なお，"・" は論理積の，"＋" は論理和の，"￣" は否定の演算記号である．論理変数 A，B を用いて各演算結果を真理値表で表すと表 4.8 のようになる．ブール代数を実際のディジタル回路に当てはめる際に，電気的な状態値 H を 1 に，L をゼロに対応させた場合を正論理，その逆を負論理という．表 4.8 において論理積が AND の操作になるのは正論理の場合であり，負論理の場合は OR の操作に

表 4.7 10進数, 2進化10進数, 2進数, 16進数の対応

10進数 (Decimal)	2進化10進数 (BCD:Binary Coded Decimal)	2進数 (Binary)	16進数 (Hexa-Decimal)
0	0000	00000000	00H
1	0001	00000001	01H
2	0010	00000010	02H
3	0011	00000011	03H
4	0100	00000100	04H
5	0101	00000101	05H
6	0110	00000110	06H
7	0111	00000111	07H
8	1000	00001000	08H
9	1001	00001001	09H
10	10000	00001010	0AH
11	10001	00001011	0BH
12	10010	00001100	0CH
13	10011	00001101	0DH
14	10100	00001110	0EH
15	10101	00001111	0FH
16	10110	00010000	10H

表 4.8 ブール代数の基本論理演算

A	B	A·B	A	B	A+B	A	$\overline{A}$
0	0	0	0	0	0	0	1
0	1	0	0	1	1	1	0
1	0	0	1	0	1		
1	1	1	1	1	1		

なることがわかる.なお集合論の法則はすべてブール代数で成立する.

c. ディジタルICの基本回路

主なディジタルICはTTLとC-MOSである.TTLはテキサス・インスツルメンツ社が開発したもので,その型番から74シリーズと呼ばれる.C-MOSは,P channelとN channelのMOS-FETを上下に組み合わせたもので,いろいろな系列が製作されたが,最近ではTTLとピン配置および機能が等価な74HC系列が用いられる.

1) TTLの構造と動作原理

論理素子の基本であるNOTゲート(SN74LS04N)の内部回路の概要を図4.16

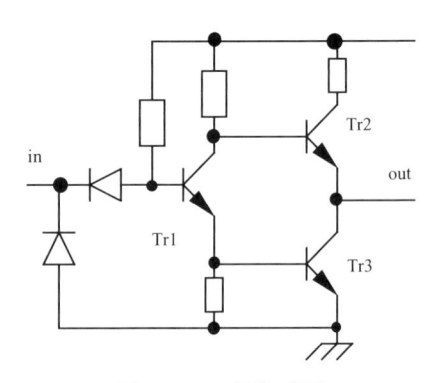

図 4.16 NOT 回路の概要

表 4.9 各ゲートの記号と真理値表

NOT		NAND			NOR			AND			OR			EX-OR		
A	X	A	B	X	A	B	X	A	B	X	A	B	X	A	B	X
0	1	1	1	0	1	1	0	1	1	1	1	1	1	1	1	0
1	0	1	0	1	1	0	0	1	0	0	1	0	1	1	0	1
		0	1	1	0	1	0	0	1	0	0	1	1	0	1	1
		0	0	1	0	0	1	0	0	0	0	0	0	0	0	0

に示す．図において入力のレベルが H の時は，Tr1～Tr3 がオンになり，出力は L になる．逆に入力のレベルが L の時は，Tr2 だけがオンになり，出力は H になる．論理回路の基本であるゲート IC にはいろいろな種類があるが，中心となるのは NOT，NAND，EX-OR（排他的論理和）ゲートである．ここで示したゲートはすべて，入力が正論理で動作するものである．NOT ゲートと 2 入力の NAND，NOR，AND，OR，EX-OR の真理値表と記号を表 4.9 に示す．この表から正論理 NAND ゲートは，負論理の NOR になることがわかる．

2）入出力の電圧と電流との関係

標準型 TTL の入力が論理レベルを認識できる電圧は，最悪値で，H レベルのしきい値 (V_{IH}) が 2V 以上，L レベルのしきい値 (V_{IL}) が 0.8V 以下である（図 4.17）．一方，TTL の出力電圧は H が 2.7V 以上，L が 0.5V 以下である．電流の向きは，

4.4 ディジタル回路

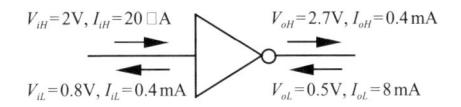

$V_{iH}=2\mathrm{V}, I_{iH}=20\,\mu\mathrm{A}$　　　$V_{oH}=2.7\mathrm{V}, I_{oH}=0.4\,\mathrm{mA}$

$V_{iL}=0.8\mathrm{V}, I_{iL}=0.4\,\mathrm{mA}$　　　$V_{oL}=0.5\mathrm{V}, I_{oL}=8\,\mathrm{mA}$

図 4.17 NOT の入出力電圧と電流の向き

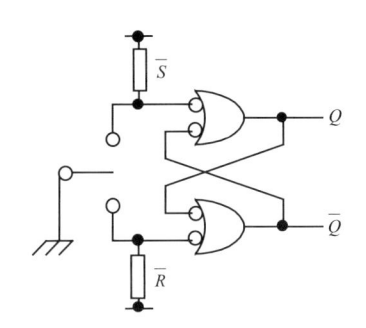

図 4.18 RS Flip-Flop

表 4.10 RS-FF の真理値表

$\overline{S}$	$\overline{R}$	Q	$\overline{Q}$	状態
L	H	H	L	② : ②′で出力が切り替わった後
L	H	L	H	②′: ①から $\overline{S}$ を L にした瞬間
H	H	L	H	①⑤ : ④の安定状態
		H	L	③ : ②の安定状態
H	L	H	L	④′: ③から $\overline{R}$ を L にした瞬間
H	L	L	H	④ : ④′で出力が切り替わった後

入力は H で流れ込み (I_{iH})，L で流れ出し (I_{iL}) となり，出力は H で流れ出し (I_{oH})，L で流れ込み (I_{oL}) となる．

3) フリップフロップ

フリップフロップ (Flip Flop:FF と略す) は安定状態が2つあり，二者択一の記憶素子となる．基本となる FF は図 4.18 の RS-FF である．次に，RS-FF の動作原理を表 4.10 に示す．①の状態からスイッチを押して②′，②と変えると出力が変化し，スイッチを戻しても③のように変化した状態が保持される．この状態から再度②の状態にしても出力は変化しない．逆に，スイッチを④′，④と変えると最初の状態に戻る．ただし，両方の入力を同時に L にすると出力が不定になるため，禁止されている．RS-FF をタイミングパルスに同期して動作させ，かつ，両入力を同時に L にすることを可能にした FF が，J, K 入力をもつエッジ・トリガー型

JK-FF である．これは，クロックの立上り（ポジティブ・エッジ）あるいは立下り（ネガティブ・エッジ）の瞬間の入力の状態を保持する．また，一本の信号線の状態をある時刻で取り込んで保持する機能をラッチという．そのため，一本の信号源からインバータを通してSとRを作っている．これをDラッチという．

4) カウンタ

JK-FF の J，K 端子を H にしてクロックを加えると，クロックのエッジで出力が反転し，2クロックで出力が元に戻る．これが T-FF で2進1桁のカウンタである．2進 n 桁カウンタを用い，各桁の並びが一定値になったときに全桁をリセットすれば，任意の整数進カウンタができる．たとえば，2進4桁のカウンタで出力が1010になったときに全桁をリセットすると10進カウンタとなる．出力があらかじめ定められた値と一致するかどうかは，EX-OR による一致検出回路が必要である．

5) 3-state バッファ

入出力間で位相が変わらないディジタル回路をバッファという．とくに，出力レベルが H，L，ハイインピーダンスの3状態をもつものを 3-state バッファと呼び，コンピュータのデータバスに用いる．これは，CPU がデータバスを使っていないときにバスラインから切り離すためである．

4.5 センサと計測回路

a. 抵抗系センサによる計測回路と例

抵抗系のセンサには，歪みゲージや風速測定用の熱線，温度測定用のサーミスタ素子や白金抵抗線がある．これらを用いた計測回路では，図4.19に示したように，センサーをブリッジ接続し，OPアンプによる差動増幅器を用いることが

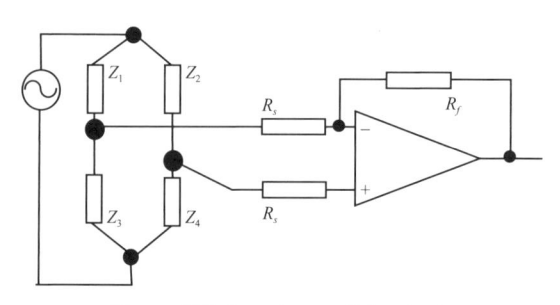

図 4.19 抵抗系センサによる測定回路の例

b. コンデンサ系センサによる計測回路と例

コンデンサ系のセンサは静電誘導による容量変化を利用する．コンデンサの容量は，極板の面積 S と距離 d が一定ならば極板の間に存在する物質の比誘電率 ε_r に比例する．今，2 枚の極板の間に高水分の籾を入れると，水の比誘電率は大きいため，水分の量によってコンデンサの容量が変化する．これが静電容量型の水分計である．容量変化はインピーダンスブリッジで計測する方法と，周波数の変化に変えて検出する方法が用いられる．

c. コイル系センサによる計測回路と例

地磁気センサ，磁気式の車両誘導装置，電流検出用のカレントトランスなどがコイル系のセンサである．検出原理は電磁誘導である．図 4.20 は磁気式の車両誘導装置の概要である．電線や磁石の磁界の強さを左右のコイルで検出し，出力が等しければ誘導用磁界の中央に車両が位置していること，出力が異なると車両の位置が中央からずれていることがわかる．これにより，両方のセンサ出力が等しくなるように操舵すればよい．

4.6 制 御 機 器

最近ではトランジスタでステッピングモータ，直流モータ，リレーなどの電磁機器や発光ダイオード，フォトカプラーなどの表示素子を駆動することが多い．この場合はトランジスタをスイッチのように扱う回路が必要になる．

a. リレー駆動回路

図 4.21 はリレーや電磁ソレノイドの駆動回路の例である．図 4.21 において V_{cc} はリレーの駆動電圧である．トランジスタのコレクタ電流 I_C は，$I_C=(V_{cc}-V_{ce}(\mathrm{sat}))$

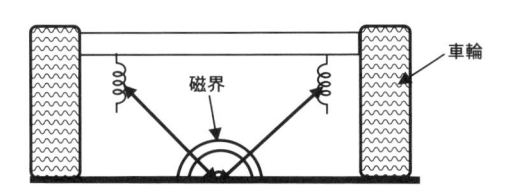

図 4.20　磁気式車両誘導装置の概要

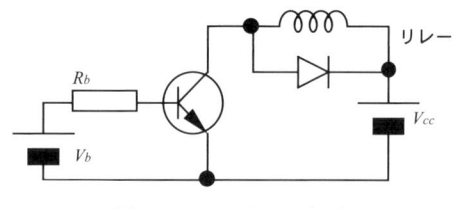

図 4.21 リレードライブ回路

$/R_c$ で計算できる．ここで V_{ce}(sat)はトランジスタの飽和電圧，V_b は論理回路等の出力電圧である．リレーの感応電流が分かっている場合はその値を用いればよい．次にトランジスタの直流電流増幅率 $h_{FE}=I_C/I_b$ から最小ベース電流を求める．実際には，この値の 10 倍程度のベース電流が流れるようにベース抵抗 R_b を決めればよい．なお，リレーと並列に接続されているダイオードは，電源が切れたときに生じるパルスでトランジスタが破壊されるのを防ぐ役目をもっている．

b. DC モータ駆動回路

DC モータの回転数は供給電圧や負荷によって変化する．また，負荷の大きさによって駆動電流が変化する．回転数の制御や位置決めには外付けの回路を追加してフィードバック制御を行う必要がある．定速回転の場合は，通常，定電圧駆動を行うが，回転方向を変えるためには電源の極性を変えることが必要である．DC モータの駆動回路はリレーを用いるほうが簡単である．

c. ステッピングモータ駆動回路

ステッピングモータの特徴は，1 パルスに対する回転角がモータによって定まっているため，オープンループで回転数や位置決めが可能なことである．したがって，回転方向を表す信号とパルスを与えることでステッピングモータの回転数と回転方向を制御できる．ステッピングモータ駆動回路のうち，パルスの発生とパルスカウントはディジタル回路で可能であるが，相励磁のシーケンス作成，加減速運転，コンピュータ制御を行なう場合は専用の IC を利用するほうが簡単である．

〔川村恒夫〕

演習問題

問 4.1 右の図に示すように，内部抵抗 250Ω，フルスケール 500μA の電流計がある．電流計と並列に分流器を接続し，500mA まで測定できるように改造したい．分流器の値を求めよ．

問 4.2 問 4.1 の電流計はそのままで 0.125V フルスケールの電圧計として用いることができる．このメータを用いて 15V まで測定するために，電流計に直列に接続する倍率器の値を求めよ．

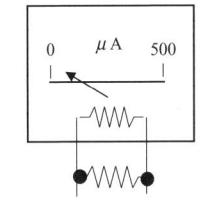

問 4.3 OP アンプを用いて増幅度 15 倍の反転増幅器を作りたい．R_s=10kΩ として R_f の値を求めよ．

問 4.4 OP アンプを用いて増幅度 33 倍の非反転増幅器を作りたい．R_s=1kΩ として R_f の値を求めよ．

問 4.5 TTL の出力が L の時に LED を点灯したい．どのような回路になるか考えよ．ただし，LED の順方向電圧 V_F は 2V，順方向電流 I_F は 10mA として求めよ．

問 4.6 正論理で A·B+C·D を満足する論理回路はどのようになるか．

文　献

1) 岡村暢夫：定本 OP アンプ回路の設計，CQ 出版社，1991.
2) トランジスタ技術スペシャル　No.1：個別半導体素子活用のすべて，CQ 出版社，1987.
3) トランジスタ技術スペシャル　No.16：A-D/D-A 変換回路技術のすべて，CQ 出版社，1989.
4) トランジスタ技術スペシャル　No.17：OP アンプによる回路設計入門，CQ 出版社，1991.
5) トランジスタ技術スペシャル　No.32：実用電子回路設計マニュアル，CQ 出版社，1992.
6) トランジスタ技術スペシャル　No.37：実用電子回路設計マニュアルⅡ，CQ 出版社，1993.
7) トランジスタ技術スペシャル　No.39：A-D コンバータの選び方・使い方のすべて，CQ 出版社，1993.
8) トランジスタ技術スペシャル　No.41：実験で学ぶ OP アンプのすべて，CQ 出版社，1993.
9) トランジスタ技術スペシャル　No.44：フィルタの設計と使い方，CQ 出版社，1994.
10) トランジスタ技術スペシャル　No.50：フレシャーズのための電子工学講座，CQ 出版社，1995.
11) 猪飼國夫，本多中二：定本ディジタルシステムの設計，CQ 出版社，1990.
12) 日本テキサスインスツルメンツ：The Bipolar Digital Integrated Circuit Data Book，日本テキサスインスツルメンツ（株），1979.
13) 谷腰欣司：DC モータの制御回路設計，CQ 出版社，1987.
14) 真壁國昭：ステッピングモータの制御回路設計，CQ 出版社，1987.

5. 画 像 処 理

5.1 ディジタル画像の基礎

a. ビジョンセンサの原理

　画像処理（image processing）は，生物生産にかかわる技術に頻繁に使用され，計測・診断・制御などに対して有効である．とくに対象物の光学的特性が検出されると同時に2次元空間情報が得られるので，対象物のサイズ，面積などの物理量も取得できる．しかし，画像は本来2次元空間の光の分布を表したものにすぎない．さまざまな情報と合わせて雑音を含む画像から必要な対象を見つけ，その事物が何であるか認知することが画像処理の1つの目標である．このような技術課題を解く上で一般的に採用される画像情報処理のプロセスは図 5.1 のとおりであり，画像の入力，濃淡画像の前処理，領域分割，そして認識・判断の一連の処理系から構成される．本章ではこれらの基本的処理手法について述べる．

　ディジタル画像を取得する上で重要な要素機器は，照明装置，カメラなどのビジョンセンサ（vision sensor），画像データを格納できるフレームメモリ（frame memory），データ処理する上で必要なコンピュータ，モニター用のディスプレイがあげられる．ビジョンセンサは，撮像範囲の反射光情報と形状情報を取得できるように，光-電圧変換素子である CCD（charged coupled device）素子が格子状に整列配置している．CCD は光強度しか得られないので，カラーカメラの場合は赤（R，Red），緑（G，Green），青（B，Blue）のフィルタを使用して，3 波長域

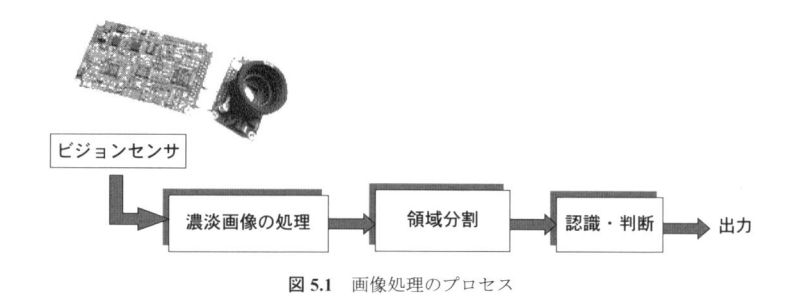

図 5.1　画像処理のプロセス

の光強度を測ることで色情報を取得する．レンズとフィルタもビジョンセンサにおいて重要な要素である．レンズは撮像空間のサイズを変え，光学フィルタはセンサにより検出される光の波長帯を制御する．生物生産に使用されるビジョンセンサでは，画像として取得する前に光学フィルタをCCDアレイの前に設置して，欲しい波長域だけ抽出する方式が頻繁にとられる．また，画像処理の応用面では画像と実空間の幾何学的関係も必要とする場合が多い．この座標変換はビジョンセンサの幾何キャリブレーションを行うことで対応できる．また，ビジョンセンサを計測器として使用する場合には，CCD素子の感度や色のキャリブレーションも行う必要がある．ビジョンセンサにおいて検出されたビデオ信号はA/D変換されてディジタル信号としてコンピュータに入力される．一般にこのビデオ信号はテレビで使用されるNTSCフォーマットで転送されることが多いが，ディジタル信号として，高速転送できる方式もある．A/Dコンバータはビジョンセンサの信号に離散化を施す．ディジタル処理で重要なことは，信号強度の分解能(resolution)と縦横の画素数できまる空間分解能があり，画像データは行列を用いて記述される．モノクロのビジョンセンサの場合，行列の要素には光強度である濃度値(gray level)と呼ばれる一次元の値が格納される．一方，カラー画像の場合は，可視領域のR，G，Bの3波長の濃度値ベクトルが情報となる．

b． 画像の幾何学

カメラで取得した画像を実空間に変換する上で，カメラの幾何キャリブレーションが必須である．画像の回転移動，平行移動，拡大・縮小を組み合わせて画像空間から実空間への変換式を構成することができる．図5.2に示したように，カメラ画像の座標系を(x,y)とし，実空間座標X-Y-Z系をx-y系と独立して構成する．このような座標系の下で，下記のような座標変換が可能である．カメラ雲台の回転中心からカメラ撮像面中心までの平行移動変換行列Cは，

$$C = \begin{bmatrix} 1 & 0 & 0 & -r_1 \\ 0 & 1 & 0 & -r_2 \\ 0 & 0 & 1 & -r_3 \\ 0 & 0 & 0 & 1 \end{bmatrix} \tag{5.1}$$

カメラ姿勢角による回転変換行列Rは，オイラー角の定義に基づき表す．すなわち，まずz軸周りにθ回転し，x軸周りにβ回転し，最後にy軸周りにα回転してカメラの姿勢を規定する．

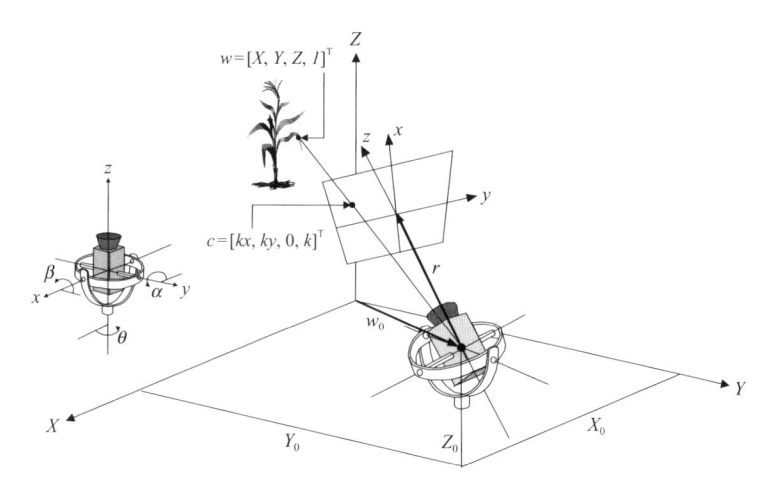

図 5.2 画像座標系と実空間の幾何学的関係

$R = R_\alpha R_\beta R_\theta$

$$= \begin{bmatrix} \cos\beta\cos\theta & \cos\beta\sin\theta & -\sin\beta & 0 \\ \sin\alpha\sin\beta\cos\theta - \cos\alpha\sin\theta & \sin\alpha\sin\beta\sin\theta + \cos\alpha\cos\theta & \sin\alpha\cos\beta & 0 \\ \cos\alpha\sin\beta\cos\theta + \sin\alpha\sin\theta & \cos\alpha\sin\beta\sin\theta - \sin\alpha\cos\theta & \cos\alpha\cos\beta & 0 \\ 0 & 0 & 0 & 1 \end{bmatrix}$$
(5.2)

実空間座標系の原点から雲台回転中心(X_0, Y_0, Z_0)までの平行移動変換行列 G は，

$$G = \begin{bmatrix} 1 & 0 & 0 & -X_0 \\ 0 & 1 & 0 & -Y_0 \\ 0 & 0 & 1 & -Z_0 \\ 0 & 0 & 0 & 1 \end{bmatrix} \tag{5.3}$$

式（5.4）の P は射影変換行列と呼ばれ，λ はカメラの焦点距離になる．

$$P = \begin{bmatrix} 1 & 0 & 0 & 0 \\ 0 & 1 & 0 & 0 \\ 0 & 0 & 1 & 0 \\ 0 & 0 & \dfrac{-1}{\lambda} & 1 \end{bmatrix} \tag{5.4}$$

5.1 ディジタル画像の基礎

$$c = \begin{bmatrix} kx \\ ky \\ 0 \\ k \end{bmatrix} \quad (5.5)$$

$$w = \begin{bmatrix} X \\ Y \\ Z \\ 1 \end{bmatrix} \quad (5.6)$$

なお，式(5.5)，式(5.6)は画像座標ベクトル c と実空間の座標ベクトル w である．これらの変換行列を以下のようにまとめることができる．すなわち，上述したカメラのパラメータがすべて測定できれば，式(5.7)によって実空間の座標 (X, Y, Z) から画像座標 (x, y) に変換ができる．

$$c = PCRGw \quad (5.7)$$

しかし，実際の場面ではカメラパラメータを測定できないことが多い．このような場合，式(5.10) 中の 4×4 行列の要素を実験的に直接求めることが行われる．撮影実験によって，画像と実空間の座標系において対になるデータを取得して，式(5.12) 中の 12 個の係数を最小二乗法で決定する．

$$A = PCRG \quad (5.8)$$

$$c = Aw \quad (5.9)$$

$$\begin{bmatrix} c_1 \\ c_2 \\ c_3 \\ c_4 \end{bmatrix} = \begin{bmatrix} a_{11} & a_{12} & a_{13} & a_{14} \\ a_{21} & a_{22} & a_{23} & a_{24} \\ a_{31} & a_{32} & a_{33} & a_{34} \\ a_{41} & a_{42} & a_{43} & a_{44} \end{bmatrix} \begin{bmatrix} X \\ Y \\ Z \\ 1 \end{bmatrix} \quad (5.10)$$

$$x = c_1 / c_4$$
$$y = c_2 / c_4 \quad (5.11)$$

$$a_{11}X + a_{12}Y + a_{13}Z - a_{41}xX - a_{42}xY - a_{43}xZ - a_{44}x + a_{14} = 0$$
$$a_{21}X + a_{22}Y + a_{23}Z - a_{41}yX - a_{42}yY - a_{43}yZ - a_{44}y + a_{24} = 0 \quad (5.12)$$

ここで注意すべき点は 1 台のカメラでは当然のことながら (X, Y, Z) の実空間 3 次元座標は決定できない．式(5.12)の連立方程式によって (X, Y, Z) を (x, y) に変換はできるが，その逆は計算できない．したがって，1 台のカメラで実空間座標系に変換ができるのは，X, Y, Z のいずれかの座標が一定，もしくは座標拘束面を設定する必要がある．したがって対象物の 3 次元座標を得るためには，2 台のカメラを使用したステレオビジョン（stereo vision）を構成する必要があり，その概略は 5.3

で述べる．

c. 色彩理論

　画像処理に色彩情報を使用する目的は，色情報が対象物の認識に効果的であることと，人間の視覚感覚を基に画像処理を行えることである．人間に知覚される色は，一般的には対象物からの反射特性によって決定される．可視領域の光波長域は400～700nmと狭域ではあるが，この波長域に人間が知覚できる赤から紫までの全ての色を含んでいる．しかし，現実にカメラなどの撮像装置が正確に対象物の色を記録・再生することはない．人間の視覚感覚に近い色の情報化手法として，R, G, Bの組み合わせが国際照明委員会（CIE）において規格化されている．この3色を加算混色することで，さまざまな色を作る．このようにR-G-Bの3要素で色を表現すると，3次元の座標空間で色を表現することもできる．この色の表示を定義する座標系を表色系（color model）と呼ぶ．今日RGB表色系のほかに，いろいろな表色系が提案されており，CMY, YIQ, XYZなどが一般に広く用いられている．CMY表色系はマゼンタ（M, Magenta），シアン（C, Cyan），黄（Y, Yellow）の3色で色を記述するもので，プリンタなどに使用される表色系である．いま，R, G, Bの値が0から1の範囲で変化すると定義すると，CMYとRGBの変換式は式(5.13)で表される．

$$\begin{bmatrix} C \\ M \\ Y \end{bmatrix} = \begin{bmatrix} 1 \\ 1 \\ 1 \end{bmatrix} - \begin{bmatrix} R \\ G \\ B \end{bmatrix} \tag{5.13}$$

　YIQ表色系はカラーテレビなどに使用される表色系で，Yは輝度信号，I, Qは色差信号である．白黒テレビとの信号互換性をもたせており，Y信号はその輝度情報になる．RGB表色系からYIQ表色系への変換は以下のとおりである．

$$\begin{bmatrix} Y \\ I \\ Q \end{bmatrix} = \begin{bmatrix} 0.299 & 0.587 & 0.114 \\ 0.596 & -0.274 & -0.322 \\ 0.211 & -0.522 & -0.311 \end{bmatrix} \begin{bmatrix} R \\ G \\ B \end{bmatrix} \tag{5.14}$$

　さらに，色を表す指標として色度（chromaticity）がある．RGBの色度座標(r, g, b)は式(5.15)で表すことができる．図5.3はRGB表色系を色度座標で表したものである．

$$r = \frac{R}{R+G+B} \qquad g = \frac{G}{R+G+B} \qquad b = \frac{B}{R+G+B} \tag{5.15}$$

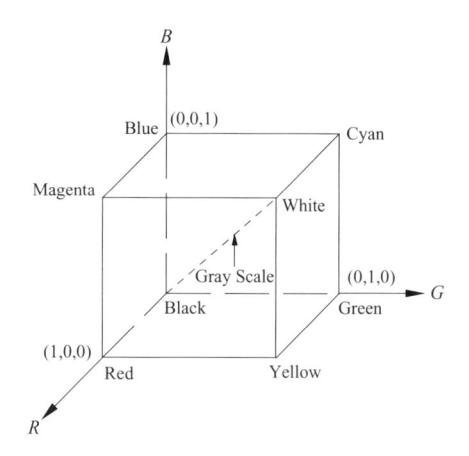

図 5.3 RGB 表色系の色度座標

ここで,
$$r + g + b = 1 \tag{5.16}$$

5.2 画像情報処理

a. 濃淡画像処理

特定の目的に合うようにオリジナルな濃淡画像に前処理を施す手法に平滑化（smoothing filter）と鮮鋭化（sharpening filter）がある．当然，処理対象と目的に応じて処理方法を取捨選択する必要はあるが，本項ではその基本的処理法について述べる．処理法は，空間領域と周波数領域における方法に大別できる．空間領域での処理は基本的に画素レベルで行われる．

$$g(x,y) = T[f(x,y)] \tag{5.17}$$

$f(x,y)$ は原画像の濃度値，$g(x,y)$ は処理後画像の濃度値，T は f に関する関数である．図 5.4 に示すような (x, y) 近傍の画素群によって構成される矩形状の領域を用意して，(x, y) を画像前面に移動・演算して $g(x,y)$ を生成する．もしくは，T をコントラスト変換関数と定義して濃度変換する．

1) コントラスト変換関数

画像の質が低くコントラストが十分に得られていない場合に，図 5.5 のように画像のコントラストを強調することができる．コントラスト変換関数で最も単純なものに画像のネガティブ画像の生成があげられ，関数 T を式(5.18)のように定

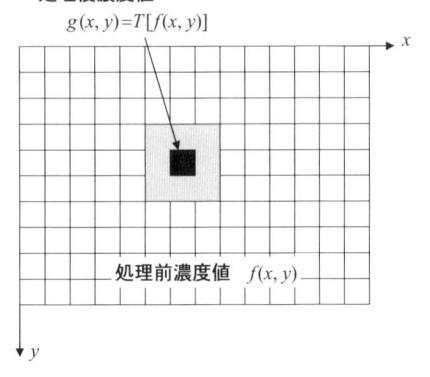

図 5.4 画像処理のプロセス

(a) 原画像

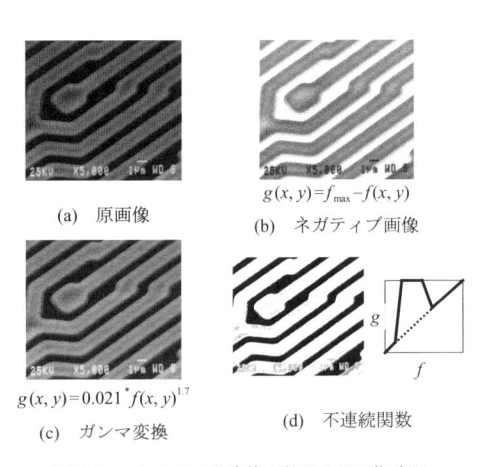

(b) ネガティブ画像 $g(x,y)=f_{max}-f(x,y)$

(c) ガンマ変換 $g(x,y)=0.021{}^*f(x,y)^{1.7}$

(d) 不連続関数

図 5.5 コントラスト変換関数による画像強調

義する．

$$T[f(x,y)] = f_{max} - f(x,y) \tag{5.18}$$

f_{max} は濃度レンジの最大値である．濃度値が 8 ビット分解能の場合は 255 になる．また，画像のダイナミックレンジが広すぎて，ディスプレイなどモニター装置に適合しない場合は，以下のようなガンマ変換を施す．

$$T[f(x,y)] = kf(x,y)^{\gamma} \tag{5.19}$$

そのほかにも，ある範囲の濃度にだけ注目したい場合には，図 5.5 (d) に示すような不連続な関数 T を設定することもできる．

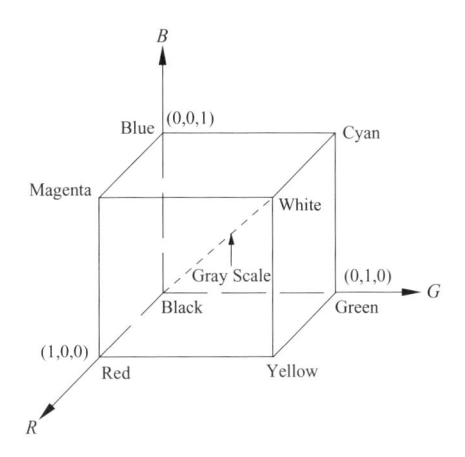

図 5.3 RGB 表色系の色度座標

ここで,
$$r + g + b = 1 \tag{5.16}$$

5.2 画像情報処理

a. 濃淡画像処理

特定の目的に合うようにオリジナルな濃淡画像に前処理を施す手法に平滑化（smoothing filter）と鮮鋭化（sharpening filter）がある．当然，処理対象と目的に応じて処理方法を取捨選択する必要はあるが，本項ではその基本的処理法について述べる．処理法は，空間領域と周波数領域における方法に大別できる．空間領域での処理は基本的に画素レベルで行われる．

$$g(x,y) = T[f(x,y)] \tag{5.17}$$

$f(x, y)$は原画像の濃度値，$g(x, y)$は処理後画像の濃度値，Tはfに関する関数である．図 5.4 に示すような(x, y)近傍の画素群によって構成される矩形状の領域を用意して，(x, y)を画像前面に移動・演算して$g(x, y)$を生成する．もしくは，Tをコントラスト変換関数と定義して濃度変換する．

1) コントラスト変換関数

画像の質が低くコントラストが十分に得られていない場合に，図 5.5 のように画像のコントラストを強調することができる．コントラスト変換関数で最も単純なものに画像のネガティブ画像の生成があげられ，関数Tを式(5.18)のように定

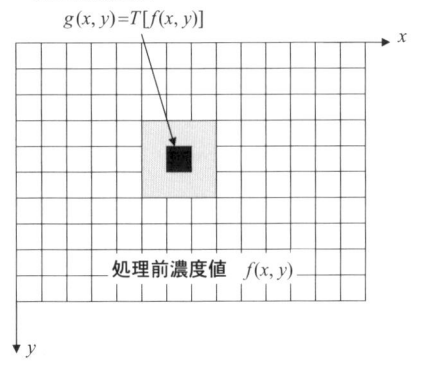

図 5.4 画像処理のプロセス

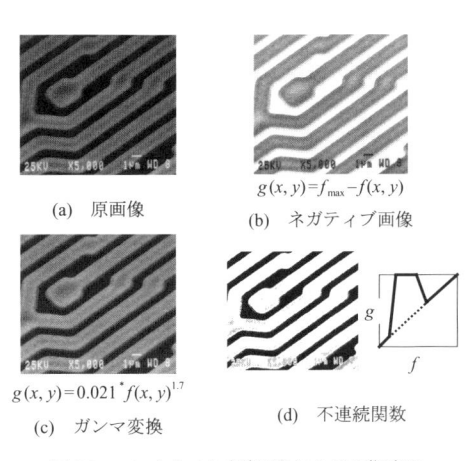

(a) 原画像
(b) ネガティブ画像 $g(x, y) = f_{max} - f(x, y)$
(c) ガンマ変換 $g(x, y) = 0.021 \cdot f(x, y)^{1.7}$
(d) 不連続関数

図 5.5 コントラスト変換関数による画像強調

義する.

$$T[f(x,y)] = f_{max} - f(x,y) \tag{5.18}$$

f_{max} は濃度レンジの最大値である．濃度値が 8 ビット分解能の場合は 255 になる．また，画像のダイナミックレンジが広すぎて，ディスプレイなどモニター装置に適合しない場合は，以下のようなガンマ変換を施す．

$$T[f(x,y)] = kf(x,y)^\gamma \tag{5.19}$$

そのほかにも，ある範囲の濃度にだけ注目したい場合には，図 5.5（d）に示すような不連続な関数 T を設定することもできる.

2) 濃度ヒストグラム変換

　画像の濃度値を横軸にとり，その濃度値をもつ画素数もしくは頻度割合を縦軸に表したグラフを濃度ヒストグラム（gray-level histogram）と呼ぶが，この濃度分布を変換することで画像の鮮明化を図る方法もある．明るすぎる，もしくは暗すぎる画像，コントラストが低い，もしくは高すぎる画像には，この濃度ヒストグラム変換が有効である．図5.6 は濃度ヒストグラムに均一化処理（histogram equalization）を施した例である．

3) 画像のフィルタリング

　画像にのったノイズを除去したり，必要な情報だけを鮮鋭化させる方法に空間フィルタリング（spatial filtering）がある．空間フィルタリングは上述したように(x, y)近傍の画素群によって構成される矩形状の領域を用意して，(x, y)を画像前面において移動・演算して行う．この演算子としての矩形領域をオペレータと呼ぶが，図5.7(a) は典型的な 3×3 オペレータである．式(5.20)のように加重平均を施すことで，オペレータの中心画素の濃度値が変更される．

$$g_5 = \sum_i^9 \omega_i f_i \Big/ \sum_i^9 \omega_i \tag{5.20}$$

　この 3×3 オペレータを画像全面にわたり走査することにより，新たな画像が生成される．

i）平滑化フィルタ　　平滑化フィルタはなめらかな画像を生成するために使用され，ローパスフィルタやメディアンフィルタがよく知られている．図 5.7(b) に

(a) 原画像

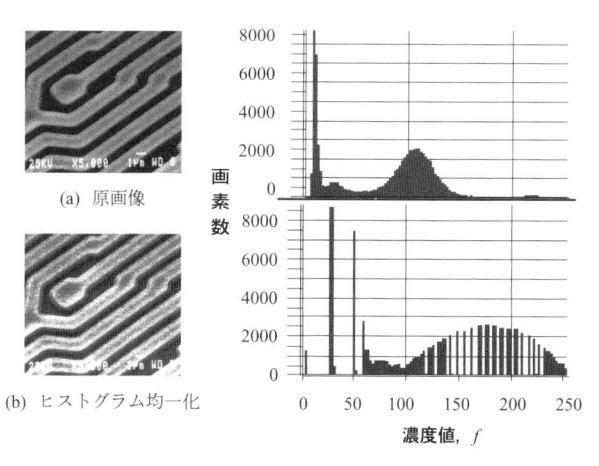

(b) ヒストグラム均一化

画素数

濃度値, f

図 5.6　ヒストグラム変換による画像強調

f_1	f_2	f_3
f_4	f_5	f_6
f_7	f_8	f_9

ω_1	ω_2	ω_3
ω_4	ω_5	ω_6
ω_7	ω_8	ω_9

(a) 3×3の濃度値と加重平均オペレータ

0.1	0.1	0.1
0.1	0.2	0.1
0.1	0.1	0.1

0.25	0.5	0.25
0.5	1.0	0.5
0.25	0.5	0.25

(b) 平滑化オペレータ

図 **5.7** 線形フィルタの構造と平滑化オペレータ

一般的な平滑化オペレータを示した．重要なことは，フィルタ要素はすべて正であり，平均値を求める意味から加算平均を施して，濃度値を計算することにある．一方，メディアンフィルタはオペレータがマスクした領域の濃度値の中央値をその中心画素の値として採用する．すなわち，画素 (x,y) を 3×3 のオペレータの中央に配置した場合，その 9 個の濃度値の 5 番目に大きい値（中央値）を (x,y) の濃度値とするアルゴリズムである．

ii) 鮮鋭化フィルタ　鮮鋭化は画像の詳細を際立たせたい場合に使用される．とくに輪郭などが明確に視認できない場合に施すと画像濃淡の変化を強調させるので，鮮明なエッジ画像が得られる．基本的なオペレータの構造は，オペレータ中央値が正の値で，残りは負の値をとる．最も一般的に使用される鮮鋭フィルタに微分フィルタがある．原画像の濃度値 $f(x, y)$ の微分値（グラジエント）を以下のように定義する．

$$\nabla f = \begin{bmatrix} G_x \\ G_y \end{bmatrix} = \begin{bmatrix} \dfrac{\partial f}{\partial x} \\ \dfrac{\partial f}{\partial y} \end{bmatrix} \tag{5.21}$$

$$\nabla f = mag(\nabla f) = \left[G_x^{\,2} + G_y^{\,2} \right]^{1/2} \tag{5.22}$$

$$\alpha(x, y) = \tan^{-1}\left(\frac{G_y}{G_x} \right) \tag{5.23}$$

$$\nabla f = |G_x| + |G_y| \tag{5.24}$$

ここで，2×2 オペレータで斜め方向について簡易的に計算すると

5.2 画像情報処理

1	0
0	-1

0	1
-1	0

(a) Roberts オペレータ

-1	-1	-1
0	0	0
1	1	1

-1	0	1
-1	0	1
-1	0	1

(b) Prewitt オペレータ

-1	-1	-1
0	0	0
1	1	1

-1	0	1
-1	0	1
-1	0	1

(c) Sobel オペレータ

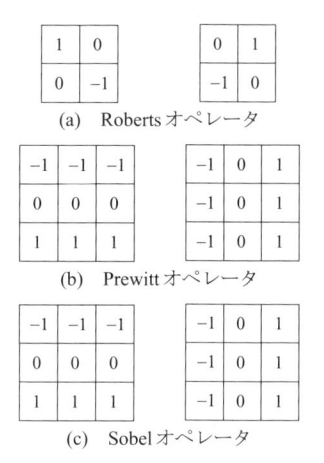

図 5.8 微分オペレータによる鮮鋭化フィルタ

$$\nabla f = |f_1 - f_4| + |f_2 - f_3| \tag{5.25}$$

このオペレータは図 5.8 (a) のような要素として記述でき，Roberts オペレータと呼ばれる．さらに，3×3 のオペレータについては，式 (5.26) になる．

$$\nabla f = |(f_7 + f_8 + f_9) - (f_1 + f_2 + f_3)| + |(f_3 + f_6 + f_9) - (f_1 + f_4 + f_7)| \tag{5.26}$$

このオペレータは図 5.8(b) のような要素として記述でき，Prewitt オペレータと呼ばれる．オペレータの第 3 列要素と第 1 列要素の差が x 方向の微分値であり，第 3 行要素と第 1 行要素の差が y 方向の微分値になる．さらに，図 5.8(c) は微分オペレータとして一般的な Sobel オペレータである．Sobel オペレータはノイズ除去である平滑化と輪郭などのエッジ検出が両立される処理である．

$$G_x = (f_7 + 2f_8 + f_9) - (f_1 + 2f_2 + f_3) \tag{5.27}$$

$$G_y = (f_3 + 2f_6 + f_9) - (f_1 + 2f_4 + f_7) \tag{5.28}$$

iii) 周波数領域でのフィルタリング　時系列データに広く使用される離散フーリエ変換（DFT ; discrete Fourier transform）を画像データに施すことで，周波数領域でのフィルタリング（frequency domain filtering）ができる．離散フーリエ変換の詳細は他書に譲るが，周波数領域におけるフィルタリング法の基礎を解説する．いま，画像 $f(x,y)$ に 2 次元 DFT を施すことにより，画像の縦方向，横方向の空間周波数 (u, v) のもとで，スペクトラム画像 $F(u,v)$ を得ることができる．

$$f(x,y) \xrightarrow{\text{Fourier Transformation}} F(u,v) \tag{5.29}$$

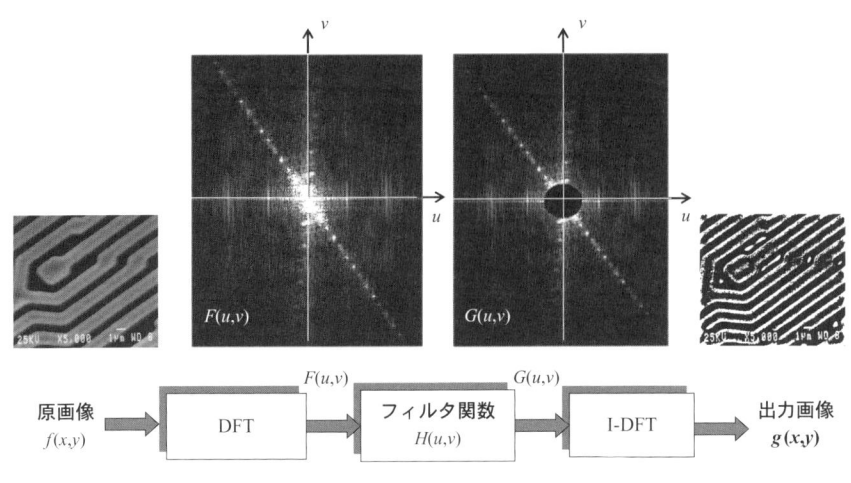

図 5.9 DFT による周波数領域でのフィルタリング

ここで，$u = m\Delta u$，$v = n\Delta v$，$\Delta u = \dfrac{1}{M\Delta x}$，$\Delta v = \dfrac{1}{N\Delta y}$

Δx, Δy は 1 画素の単位長さ，M, N は画像の横方向 x，縦方向 y の画素数 $(0 \leq x \leq M-1, 0 \leq y \leq N-1)$ である．さらに，$H(u,v)$ をフィルタ伝達関数とすると，フィルタリング後のスペクトル画像 $G(u,v)$ は式（5.30）となる．

$$G(u,v) = H(u,v)F(u,v) \tag{5.30}$$

このフィルタリング後のスペクトル画像 $G(u,v)$ に逆フーリエ変換（I-DFT；inverse discrete Fourier transform）を施せば，フィルタリング後の画像が得られる．すなわち，図 5.9 のようなフローで処理することで，周波数領域でのフィルタリングができる．図の場合，$G(u, v)$ に低い周波数帯の信号除去がみられる．これは $H(u, v)$ に高い周波数帯のみ残すハイパスフィルタを構成したことによる．フィルタ関数 $H(u, v)$ を適切に選択することで，さまざまなバンドパスフィルタを設計できる．

b. 画像の領域分割

領域分割（image segmentation）は画像を一定の特徴を有する小領域に分割することをいい，その後の画像認識のための重要な前処理である．一般に画素の濃度，色などの属性の類似性に基づいてなされる．ここでは，最も頻繁に使用される二値化処理（binalization）と領域境界線の検出法について述べる．

1) 画像の二値化

濃淡画像から処理の対象を抽出する手法の最も基本的なものに画像の二値化がある．適切に決められた濃度値を基準として，明るいか暗いかで画素を 1 あるいは 0 に変更する処理である．この濃度の基準をしきい値（threshold level）と呼ぶ．対象と背景のコントラストが十分にあれば，しきい値を決めることは比較的容易であるが，濃淡レベルに微妙な差異しか存在しない場合は，このしきい値の決定に工夫が必要である．このしきい値を自動的に決定する手法はいくつか提案されているが，ここでは統計的手法として広く知られている判別分析法について述べる．図 5.10 は濃度ヒストグラムであるが，濃度値が $0 \sim f_{max}$ まで階調を有している画像を 2 つのクラスに分離するために，クラス間分散からしきい値 t を決定してみる．ヒストグラムを濃度値で 2 クラスに分ける場合，クラス 1 とクラス 2 の分散は以下のように計算できる．

$$\sigma_1^2 = \frac{\sum_{f=0}^{t} n_f (f - \overline{f}_1)^2}{n_1} \tag{5.31}$$

$$\sigma_2^2 = \frac{\sum_{f=t}^{f_{max}} n_f (f - \overline{f}_2)^2}{n_2} \tag{5.32}$$

ここで，n_1，n_2 はクラス 1，2 に属する画素数，$\overline{f}_1$，$\overline{f}_2$ は各クラスの濃度値

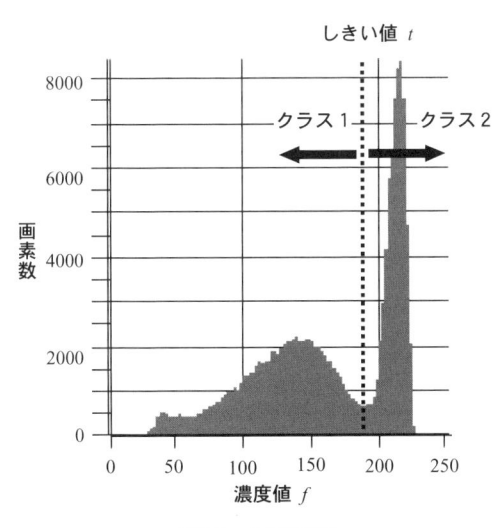

図 5.10 2 値化処理

平均，n_f は画像中の濃度値 f を有する画素数である．クラス内分散 σ_w^2 およびクラス間分散 σ_B^2 は次式で計算される．

$$\sigma_w^2 = \left(n_1\sigma_1^2 + n_2\sigma_2^2\right)/(n_1 + n_2) \tag{5.33}$$

$$\sigma_B^2 = \left\{n_1\left(\overline{f}_1 - \overline{f}_F\right)^2 + n_2\left(\overline{f}_2 - \overline{f}_F\right)^2\right\}/(n_1 + n_2) \tag{5.34}$$

ここで $\overline{f}_F$ は画像全体の濃度値平均である．すなわち，しきい値 t はクラス内分散 σ_w^2 が小さく，クラス間分散 σ_B^2 が大きいほど良好な値となる．したがって，この両者の比 r を最大化することで最適しきい値 t_{opt} を計算する．

$$\text{maximize}\quad r = \sigma_B^2 \Big/ \sigma_w^2 \Rightarrow t_{\text{opt}} \tag{5.35}$$

2）境界線の検出

画像を領域分割する場合，その領域境界線を抽出することも一法である．境界線検出には大きく分けて，局所オペレータによる方法と画像全体から線を探索する方法がある．簡単なものに，前述した鮮鋭化フィルタによって，濃度値 (x, y) のグラジェントを計算し，線の要素画素を探索して，その点列を連結する方法がある．以下のようなグラジェント $\nabla f(x,y)$ とグラジェントの方向 $\alpha(x,y)$ を計算し，線エッジ点と認識された画素 (x', y') 近傍の画素 (x, y) における $\nabla f(x,y)$ の差とグラジェントの方向について，しきい値 A, B を設定して線エッジの画素を探索する．その処理を画像全体について行い，画素連結を施すことで線検出を行う．

$$\left|\nabla f(x,y) - \nabla f(x', y')\right| \leq A \tag{5.36}$$

$$\left|\alpha(x,y) - \alpha(x', y')\right| \leq B \tag{5.37}$$

しかし，この局所オペレーションによる線検出の場合，線に欠落部があると1本の線として認識させることは難しい．画像全体から直線，円，楕円などの特徴線を検出する効果的方法にハフ変換（hough transform）がある．たとえば，ハフ変換を直線抽出に適用する場合，ρ–θ を用いた式(5.38)の標準形で直線の式が同定できる．

$$x\cos\theta + y\sin\theta = \rho \tag{5.38}$$

ハフ変換では最初に，ρ–θ のパラメータスペースを用意して，上述したグラジェントなどのエッジ検出オペレータを施して画像中から線要素とみなされる画素 (x_i, y_i) を抽出する（図5.11(a)）．その画素 (x_i, y_i) について，直線パラメータ ρ, θ を想定される $\rho_{\min} < \rho < \rho_{\max}, \theta_{\min} < \theta < \theta_{\max}$ 範囲内で変化させる．図5.11(b)からわかる

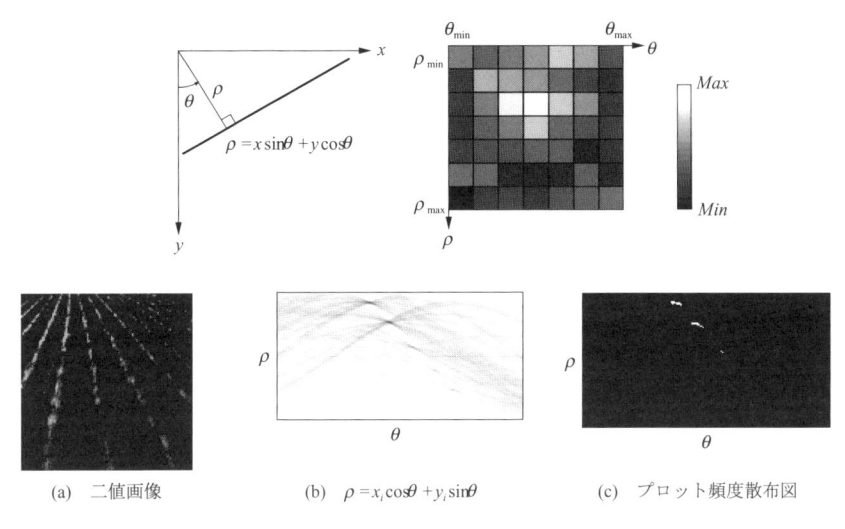

(a) 二値画像　　(b) $\rho = x_i \cos\theta + y_i \sin\theta$　　(c) プロット頻度散布図

図 5.11 直線検出のための $\rho - \theta$ パラメータスペース

(a) 原画像　　(b) ハフ変換による木材断面抽出

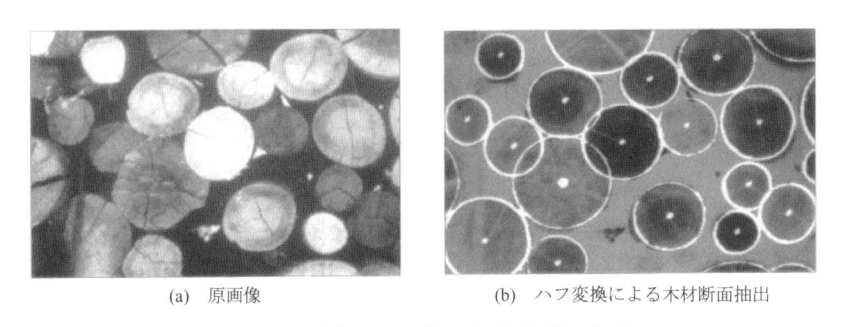

図 5.12 ハフ変換による円抽出（木材境界線の検出）

ように，1つの抽出画素 (x_i, y_i) に対して，$\rho = x_i \cos\theta + y_i \sin\theta$ となる1本の曲線が描ける．その曲線上の (ρ, θ) にカウント値を持たせ，$\rho - \theta$ のパラメータスペースにプロットする．以上のような処理をすべての抽出画素について行い，パラメータスペースにカウントアップすることでプロット頻度の散布図が得られる（図5.11（c））．この頻度ピーク値の (ρ, θ) が検出直線である．この方法はビジョンベースの自動走行車両において作物列検出に使用されうる方法であり，欠株などで直線が途切れている場合にロバスト性を有することが特徴である．図 5.12 は画像から円をハフ変換で決定して，丸太の輪郭を抽出したものである．円の中心座標 (x_c, y_c) と半径 r によって構成されたパラメータスペースから丸太領域の境界線が検出

できる．このように，丸太の輪郭が得られると，直径，周長，断面積，本数などが容易に算出できる．

$$(x-x_c)^2 + (y-y_c)^2 - r^2 = 0 \tag{5.39}$$

c. 画像認識

　画像処理の最終目標は外界の認識（recognition）である．取得した画像中から複数の対象物を抽出し，分類することがその本質である．ここでは意味づけられたカテゴリに分類する方法について述べる．まず画像認識で重要なことは，抽出したい事物を決めて，その特徴を見つけ出すことにある．すなわち分類したいクラスとその特徴量の決定が基礎である．二値画像の場合は，事物の形状（面積，周長）が特徴になる．濃淡画像の場合は各画素の濃度値も特徴になりうる．このように分類クラスについて複数の特徴を選定したあと，画像全体について選択した特徴を多次元の座標空間にプロットする．この座標空間を特徴空間（feature space）と呼ぶが，クラスごとに適切に特徴を選定できていれば，特徴空間内にそれぞれのクラスが塊を形成する．このような集団のことをクラスタ（cluster）と呼び，n次元の特徴ベクトルを$X=[x_1,x_2,x_3\cdots x_n]^T$と定義する．特徴空間にそれぞれのクラスタが交じりあっていない場合は，それぞれのクラスにきれいに分離・認識できる可能性がある．このクラスタリングの方法として，統計的方法，論理木構造，ニューラルネットワーク（neural networks）などさまざまな方法が提案されているが，ここでは簡単な統計的手法に基づく K-means 法を説明する．K-means 法はクラスタの数 k と多次元特徴量の事前選択が必要である．特徴空間に仮の各クラスの重心 $Y_j=[y_1,y_2,y_3\cdots y_n]^T (0<j\leq k)$ を設定し，全ての特徴ベクトルを最も距離の近い重心を有するクラスタ S_l に帰属させる．

$$d_j = \|X - Y_j\| \tag{5.40}$$

$$d_l = \min_{0<j\leq k}\{d_j\} \Rightarrow X \in S_l \tag{5.41}$$

そのあと，k 個のクラスタについて以下のように再度重心位置 Y を計算する．

$$Y_l = \frac{1}{N_l}\sum_{x\in S_l} X \tag{5.42}$$

ここで N_l はクラスタ S_l に属するベクトル X の個数であり，その重心位置について式(5.40)のユークリッド距離でクラスタリングを再び行う．この処理を繰り返し行い，逐次変更される重心位置が収束したところで終了させる．この方法の場

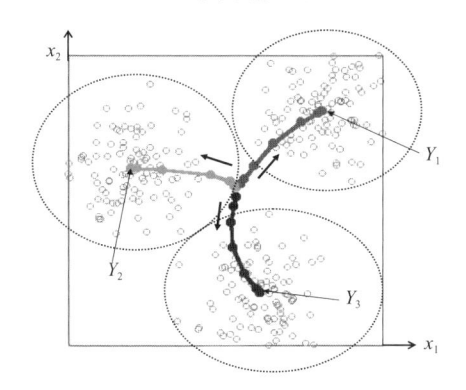

図 5.13 K-means 法のクラスタ重心位置の収束過程

合，初期の重心位置設定が重要であることはもちろんであるが，適切に特徴量を選択しないとクラスタの収束が得られない．図 5.13 は K-means 法で 3 クラスにカテゴライズしたときの重心位置 Y_1 の収束までの軌跡を示している．初期には中心付近にあったクラスタ重心が，2 次元の特徴空間 $X=(x_1, x_2)$ 内で適切に収束して，クラスタリングされていることがわかる．

5.3 3次元画像処理

人間の視覚が 2 眼を有するおかげで，遠近を感じることはよく知られている．近年画像処理技術の進展にともない，人間のように 2 眼を用いて対象物までの距離を加えた 3 次元計測法（three dimensional measurement）も確立されつつある．5.1 b.画像の幾何学の項で述べた方法で図 5.14 のような 2 台のカメラのキャリブレーションを行う．以下のように方程式の数を増やすことで，実空間における 3 次元座標 (X, Y, Z) を計算することができる．

$$a_{11}[i]X + a_{12}[i]Y + a_{13}[i]Z - a_{41}[i]x[i]X - a_{42}[i]x[i]Y$$
$$-a_{43}[i]x[i]Z - a_{44}[i]x[i] + a_{14}[i] = 0$$
$$a_{21}[i]X + a_{22}[i]Y + a_{23}[i]Z - a_{41}[i]y[i]X - a_{42}[i]y[i]Y$$
$$-a_{43}[i]y[i]Z - a_{44}[i]y[i] + a_{24}[i] = 0$$
$$(i = 1, 2) \tag{5.43}$$

この種の 3 次元計測における画像処理の課題は，2 枚の画像で対応する点を決定することである．一般には 2 画像の局所範囲について DFT を施し，最も類似し

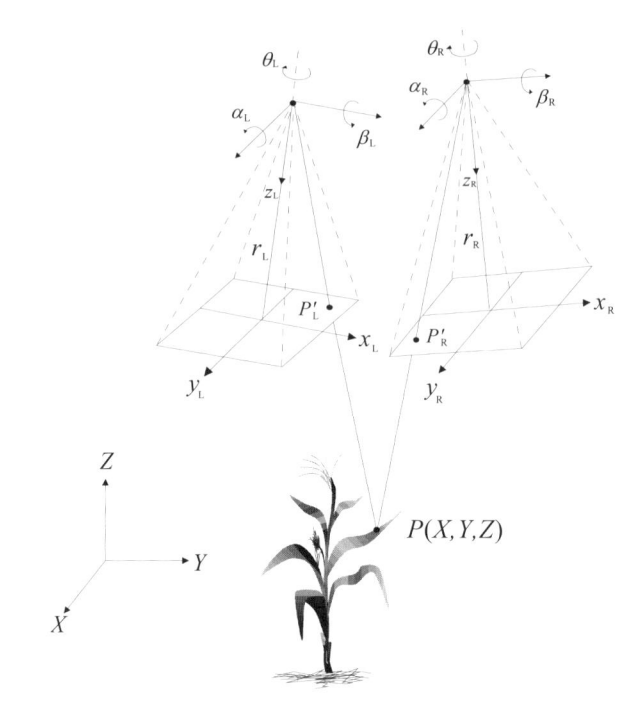

図 5.14　2 台のカメラのキャリブレーション

た領域をもう 1 枚の画像から探す方法がとられる．もしくは，角などの特徴的形状を他方の画像から探索するなどの方式も採用される．一方，この対応点問題をハード的に解決することもできる．2 台のカメラの 1 台をレーザー光源に置き換え，レーザーのスポット光を 1 台のカメラで撮影する．レーザー光源の姿勢とカメラ-光源間の位置関係が規定されれば，三角測量の原理で対象物の 3 次元座標が計算できる．しかし，光を走査させるなどの工夫が必要で時間がかかることが難点である．そこで，一般的にはスポットのかわりにスリット光やランダム配置した光源を使用して 3 次元形状を得る方法が採用されている．　　　〔野口　伸〕

演習問題

問 5.1 式(5.2)のカメラ姿勢角による回転変換行列 R の構成要素 R_α, R_β, R_θ をそれぞれ求め，R を導きなさい．

問 5.2 色度座標(r, g, b)を2次元的に表現する方法に rg 色度図がある．この色度図は $r+g+b=1$ になることを利用したものであるが，色度図内において白，マゼンタ，黄，シアンはどこにプロットされるか示しなさい．

問 5.3 図5.6に示したように濃度ヒストグラムの均一化処理を施しても，実際には濃度ヒストグラムは均一にならない．処理アルゴリズムを考えて，その理由を述べなさい．

問 5.4 $y = ax + b$ の直線式を標準形 $x\cos\theta + y\sin\theta = \rho$ で記述した場合，θ と ρ を a, b を用いて表しなさい．また，$y = -2x + 1$ を標準形で表しなさい．

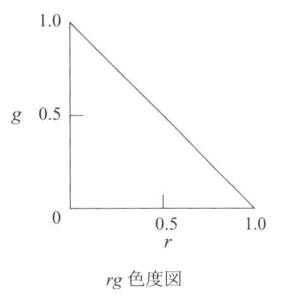

問 5.5 画像認識として使用されるクラスタリングの精度を評価する上で有効な方法を提案しなさい．

rg 色度図

文献

1) Gonzalez,R.C. and Woods,R.C.: Digital Image Processing, Addison-Wesley Publishing Company, 1992.
2) Rosenfeld,A. and Kak,A.C.: Digital Picture Processing (Second ed.) Vol. 1, Academic Press, 1982.
3) Rosenfeld,A. and Kak,A.C.: Digital Picture Processing (Second ed.) Vol. 2, Academic Press, 1982.
4) 安居院猛，中嶋正之：基礎工学シリーズ18 画像情報処理，森北出版，1991．
5) 尾崎弘，谷口慶治：画像処理（第2版），共立出版，1988．
6) 末松良一，山田宏尚：メカトロニクス教科書シリーズ9 画像処理工学，コロナ社，2000．
7) 高木幹雄，下田陽久監修：画像解析ハンドブック，東京大学出版会，1991．

6. コンピュータと生物生産機械

　現在，市販されている電化製品や自動車などに代表されるメカトロニクス機器には，制御用にコンピュータを組み込まれたものが多くある．これらには主にCPU機能と周辺機能を1つの集積回路に集約したワンチップ・マイクロコンピュータ（マイコン）が使われている．もちろん市販されている生物生産機械にも使われており，高精度な作業の実現や安全性の向上に貢献している．マイコンという用語は，現在ではこのワンチップ・マイコンを意味することが多く，周辺機能をもたないマイコンをここではマイクロプロセッサと呼ぶことにするが，厳密に定義されているわけではない．

　本章では，マイクロコンピュータの基本原理，インターフェースおよびプログラミングの基礎について解説し，応用例についても若干説明する．

6.1　マイクロコンピュータ

a.　マイクロコンピュータの構成要素

　マイクロプロセッサは，マイクロコンピュータを構成する主要な要素である．マイクロコンピュータは基本的に3つの基本的要素から成り立っており，最も重要なのが計算や判断をするCPU（central processing unit）である．そしてそのCPUを動作させるプログラムやデータを記憶，保存しておく部分がメモリである．これには，読み書き可能なRAM（ラム：random access memory）と読み出し専用のROM（ロム：read only memory）があり，RAMは電源をOFFにするとデータは消失するが，ROMは消失しない．ただし，ROMの書き込みには通常専用装置を必要とする．このように，RAMは読み書き可能で，アクセスも高速であるためメインメモリとして使われ，ROMは電源ON時にシステムを起動させるプログラムの格納に使われることが多い．3つめは外部からの信号を読み込んだり，外部機器を制御したりする部分で，I/O（アイオー：input/output）と呼ばれる．ここではマイクロプロセッサをCPUと同義として扱うことにする．

b. バ ス

3つの基本要素を接続する信号の通り道をバス（bus）と呼んでおり，データバス，アドレスバスおよびコントロールバスがある．これらのバスを通して，メモリや I/O に命令やデータを読み出したり，書き込んだりする．そしてこのメモリや I/O には，記憶単位ごとにアドレス（address）が割り当てられ，このアドレスを指定して特定のデータを読み出したり書き込んだりする．データバスは，その名のとおりデータの通る道であり，双方向にデータを流すことができ，その本数がその CPU の能力を示す指標として使われている（実際には例外もある）．たとえば，データバスが 8 本あれば 8 ビット（bit：binary digit 2 進数 1 桁）CPU，16 本あれば 16 ビット CPU，32 本あれば 32 ビット CPU などと呼ばれる．これは 1 度に処理できるデータのビット数を意味する．ここでいう 1 本のデータ線は，実際の電線 1 本のことであり，この電線に電圧があるか無いか（厳密にはある範囲の電圧）でディジタル値を表すことになる．

メモリや I/O などのデバイスは，同じデータバスを共用すなわち電気的に並列接続されており，特定のデバイスに対して，データのやりとりを行う場合はそのデバイスを選択する必要がある．このために CPU にはメモリや I/O の番地を指定するアドレスバスと呼ばれるバスがある．これは CPU にもよるが，通常 8 ビット CPU では 16 本，16 ビット CPU（8086 系）では 20 本，ペンティアムでは 32 本のアドレスバスをもっており，2^{32}（4G バイト）のアドレス空間を有することになる．

アドレスバスやデータバスの他に，それぞれのバスとともに使用し，メモリや入出力装置を制御するコントロールバスと呼ばれるバスがある．これはデータバスが共用であるため，メモリなのか，I/O なのかを指定したり，またデータの書き込みなのか，読み出しなのかを制御したりするために使われる．図 6.1 に各構成要素とバスの種類を示す．

c. CPU の基本構成

CPU は演算ユニット（ALU），レジスタ群，制御ユニットからなり，これらは内部バスで接続されており，メモリや I/O とはこの内部バスに接続されたシステムバスを介してやりとりを行い，クロックパルスに同期して働く．クロックパルスは周期的なパルスで，周波数で表され，同一 CPU では周波数が大きければ大きいほど処理速度が速くなり，性能を示す指標にもなる．CPU の内部構成の概略を

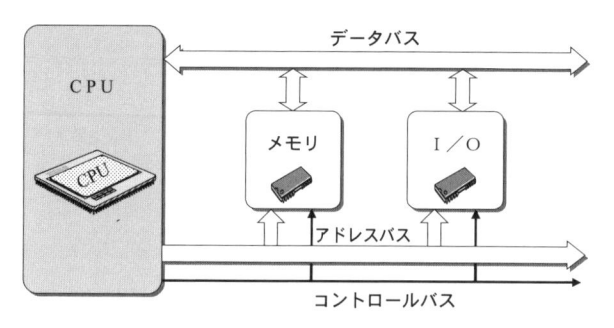

図6.1 各構成要素とバスの種類

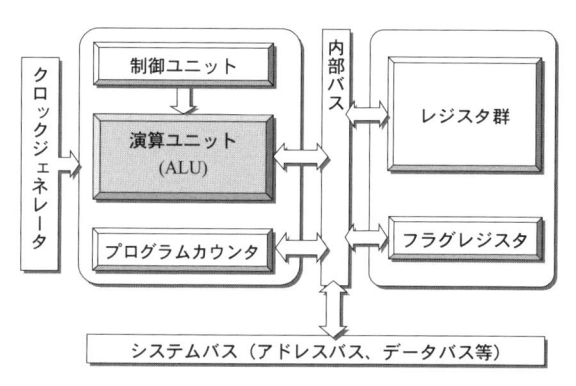

図6.2 CPUの内部構成の概略

図6.2に示す.

　CPUはシステムバスを介して接続されたメモリやI/Oからデータを取り込み，内部のレジスタに一時記憶して，ALU（Arithmetic & Logic Unit）で演算し，その結果をメモリやI/Oに出力する．CPUが直接理解できる命令は，そのCPUアーキテクチュアに基づいて作られたインストラクションセットとして用意されている．プログラムはこの命令の連続としてメモリ上に記憶されており，現在実行中のアドレスはプログラムカウンタで示され，命令の実行が終了すると次の命令のアドレスに進む．フラグレジスタは，演算結果や処理の状態を保持するレジスタで，特に演算結果がゼロのときセットされるゼロフラグと桁上がりや桁下がりのときセットされるキャリーフラグは，どのCPUにも用意されているフラグである．制御ユニットは読み込まれた次の命令と処理の状態を反映して次の処理を決める．レジスタ群は，命令を取り込むための制御を行うインストラクションフェッチ部，命令を解釈して各部に指令を行うデコーダ，演算やプログラム実行のために必要

```
                    マシンサイクル
         ┌─────────────────────────────────────┐
         ┌──────┐   ┌──────┐       ┌──────┐   ┌──────┐
         │命令  │⇒ │オペランド│ ⇒   │命令実行│⇒ │結果格納│
         │フェッチ│   │フェッチ│       │      │   │      │
         └──────┘   └──────┘       └──────┘   └──────┘
         └────────────────┘       └────────────────┘
           フェッチサイクル             実行サイクル
```

図 6.3 CPU のマシンサイクル

なデータを保持するレジスタ，呼び出し命令を実行したときに戻りアドレスを保持したりするスタックポインタなどからなる．

d. CPU の制御

CPU の制御は，プログラムメモリに格納された命令を読み出して逐次実行していく方式であり，基本的にある瞬間には 1 つの命令しか実行できない．実行はすべてクロックに同期して行われ，1 つの命令が実行される流れを命令のマシンサイクルといい，大きく 2 つのサイクルに分けて実行される．これを図 6.3 に示す．

機械語命令は，オペコード（operation code）とオペランド（operand）で構成されており，これら 2 つを合わせてニーモニックという．オペコードは命令の動作自体であり，オペランドは処理対象を記述する部分である．オペランドはオペコードによって，複数ある場合も，全くない場合もある．

CPU は命令を実行するために，最初にアドレスを指定して読み込まなければならない．この読み込む動作をフェッチ（fetch）という．電源を ON にした直後やリセット信号が入力されたときは，CPU によって決められたアドレスから命令を呼び出すことになっている（主に 0 番地）．読み込まれた命令は機能解析のためデコーダに送られ，その命令がオペランドをともなう場合は，続けてオペランドのフェッチを行う．フェッチサイクルが終了すると実行サイクルに移行する．ここでは，デコーダによって解読された命令を実際に実行し，結果をレジスタやメモリに格納し，次に実行するアドレスを指定するためプログラムカウンタを進める．このようにして 1 つのマシンサイクルを完了する．

通常，プログラムにしたがって命令を順に実行していくが，外部から緊急に処理すべきタスクがある場合，実行中のプログラムを一時中断してそのプログラムを実行する割込み（interrupt）と呼ばれる機能がある．割込みには，ハードウエア割込みとソフトウエア割込みがある．ハードウエア割込みは CPU に電気的に要因を発生させる割込みで，割込みを禁止できる割込み（IRQ）とできない割込み

（NMI）がある．割込みには優先順位があり，その機能に応じてプログラマが決定する．NMI は重大なエラー処理などに用い，最上位の優先順位をもっている．

いろいろな要因で割込みが発生すると，現在実行中のプログラムは一時中断をして，その割込み処理プログラムを実行することになるが，このとき，割込み処理が終了したときに元のプログラムの実行を再開させるために，その実行アドレスやレジスタの内容を記憶しておく必要がある．このためにスタックと呼ばれる記憶領域が使用され，そのアドレスを示すためにスタックポインタがある．スタックは LIFO（後入れ先出し）方式の一時記憶システムで，データを記憶するごとにスタックポインタが減っていきデータを読み出すたびに増えていく．スタックは割込みのみならず，算術演算や再帰処理などのプログラミングの効率化にも利用される．

e. CPU の演算

CPU 内部での演算はすべて電圧の ON，OFF に対応したディジタル値である 2 進数で行われるが，実際には演算回路とそれを制御する制御回路は，ゲート回路と呼ばれるハードウエアによって実行される．

算術演算回路は，2 進数の演算をするためにゲート回路によって構成された加算器が基本となる．2 進数 1 桁の加算器には半加算器（half adder）と全加算器（full adder）があり，半加算器は桁上げを含み，さらに全加算器では，下位桁からの桁上がりを取込むことができ，ALU は基本的にこのような加算回路で構成されている．

1）四則演算（整数）

整数の四則演算は，基本的に加算回路で行うことができる．浮動小数点の演算は，NDP（numeric data processor）と呼ばれる専用の LSI が使用されるが，最近の CPU では，CPU 内部に組み込まれているものもある．

加算は，基本的に前述の加算器で行うことができ，処理も速い．

減算は，加算器を代用して行うことができる．すなわち A－B は A＋(－B)と考えて計算を行う．したがって，B をマイナスの数値表現に変えて加算を行えばよいことになる．2 進数ではマイナスの数値を表すため，最上位ビットを"1"にして表すことになっている．具体的な演算は B の数値の全ビットを反転（1 の補数）させて，さらに 1 を加えたもの（2 の補数）にして，加算することにより減算が実行できる．たとえば 7－4 を実行する場合，7 を 4 ビットの 2 進数で表現すると

"0111"となり，4は"0100"，全ビットを反転して"1011"，さらに1を加えて"1100"になる．これと7の"0111"を加えると"10011"となるが，桁上がりを含めないと"0011"，すなわち3となり，減算ができたことになる．

　乗算は，加算の繰り返しにより可能となるが，100×1は100を1回加算すればよいが，1×100は1を100回加算しなければならず，時間がかかってしまうため，実際には2進数の特徴をうまく利用して乗算を行っている．2進数は値を上位ビットに移動（左シフト）すると，2倍，4倍，8倍，16倍と2倍ずつ値が大きくなり，これは各桁の重みに相当する．すなわち，左に1桁移動すると2倍，4桁移動すれば16倍したことになる．このように2の倍数倍は容易に実現可能である．ではA×7の場合はA×(4+2+1)すなわち，A×4+A×2+A×1と考えれば，シフトと加算で計算することができる．除算については演習問題を参照していただくことにし，ここでは割愛する．

2) 論理演算

　四則演算の基本的な方法は以上であるが，ALUにはこのような算術演算に加えて，論理演算を行う機能がある．これには論理積（AND），論理和（OR），排他的論理和（ExOR），論理反転（NOT）があるが，ALUの論理演算には，算術演算に利用したビットシフト(左，右方向)，ローテート（左，右回転），ビットテストなどのビット操作もこの論理演算に含めている．

6.2　インターフェース

　インターフェース（interface）はあるものとあるものを結びつけるものと解釈され，特に性質や種類の異なるものをつなぎ合わせるときに使用されるものである．装置という物理的なものに限らず，ヒューマンインターフェース，マンマシンインターフェースなど技術も含めて広義に使われている．

a. コンピュータシステムとインターフェース

　コンピュータでの信号のやりとりは，"0"か"1"のディジタル信号である．これら"0"と"1"という論理的な値を"H"と"L"という2つの電圧に置き換えて処理している．

　I/Oポートでは通常TTLレベルの信号しかやりとりできないため，接続する装置によっては信号レベルを変換するインターフェースが必要になる．また，信号レベルの"H"と"L"を論理的にどのように扱うのかも仕様の1つになる．たと

```
コンピュータ内部 ──→   ←── コンピュータ外部
```

```
┌─────────┐   ┌─────────┐   ┌─────────┐   ┌─────────┐
│コンピュータ│→ │インターフェース│→ │インターフェース│   │センサ、SW│
│ マイコン  │  │ [I/Oボード] │  │トランジスタ、IC│   └─────────┘
│ パソコン  │← │         │← │等の電子回路 │   ┌─────────┐
└─────────┘   └─────────┘   └─────────┘   │モータ、リ│
                                           │レー、LED │
                                           └─────────┘
```

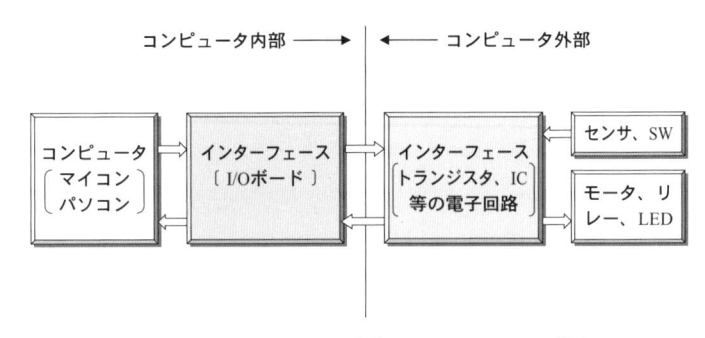

図 6.4 コンピュータによる制御インターフェースの構成

えば，信号が"H"になったとき，モータを ON にするのか，OFF にするのかは論理的仕様になる．

　図 6.4 にコンピュータによる制御のインターフェースの基本的な構成を示す．コンピュータ内部において，CPU は I/O ポートを搭載した I/O ボードなどを通じて外部とのやりとりをするが，これもインターフェースと解釈される．このボードは一般的に TTL レベルの信号を扱うことになる．したがって，外部入出力のレベルや電流容量が異なる場合は，バッファあるいはアンプと呼ばれるトランジスタや IC などによるインターフェース回路が必要となる．たとえばセンサの出力がアナログ電圧の場合，ディジタル値に変換する A/D コンバータが必要となるし，モータの回転数を制御する場合は，ディジタル値をアナログ値に変える D/A コンバータ，さらに電力増幅のためのアンプが必要となる．これらを図 6.5 に示す．

　このようにインターフェースというのは，物理的および論理的仕様の違いを調整する機能をもつものをいうため，設計にあたっては接続する仕様を明確にしておく必要がある．

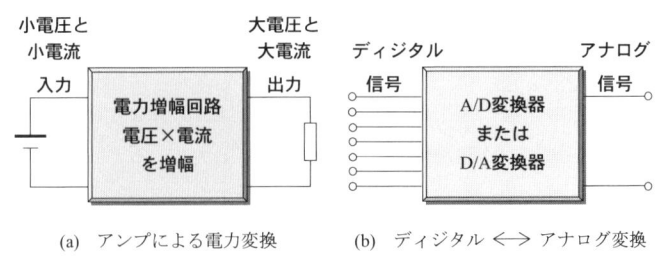

　　(a) アンプによる電力変換　　　(b) ディジタル ⟷ アナログ変換

図 6.5 物理的変換

b. ディジタル入出力

ディジタル信号の入出力は，コンピュータそのものの扱える信号であるため，規格さえ満たせば物理的接続は容易であり，その信号の意味づけはソフトウエアにより設計に基づいて論理的に行えばよいことになる．一般的な I/O ポートの物理的仕様である TTL レベルでは，"L" と判定させるためには 0.8V 以下の電圧を，また "H" と判定させるためには 2.0V 以上の電圧を入力すればよい．ここで 0.8〜2.0V の電圧は判定が不能となるため，入力することが規格上禁止されているので注意しなければならない．しかし，実際にはこの電圧間のどこかに "L" と "H" が切り替わる電圧すなわちスレッショルド（threshold）電圧があり，結果的にはどちらかに判定されることになる．

1) ディジタル入力

制御用としてのディジタル入力は，人が操作するキースイッチ，位置決めのためのリミットスイッチ，各種センサからの "0" と "1" の状態入力が主なものである．図 6.6 に入力の回路例を示す．図 6.6 (a) は最も簡易な回路で，入力ポートを 10kΩ 程度の抵抗で 5V にプルアップしているため，ボタンが押されないときは常にポートの電圧は，5V になっている．ボタンが押されると抵抗を通してアースに向かって電流が流れ，ポートの電圧は 5V から 0V 近辺まで下がる．これによって入力の有無を検出することができる．このように入力ポートは必ず 5V か 0V のどちらかの電圧がかかるようにする必要がある．これは CMOS などの高入力インピーダンスを持つ素子は，開放にしておくとノイズによる誤動作や静電気による破壊を起こす可能性があるからである．

メカニカルなスイッチ入力に関して，考慮すべきことはチャタリングである．これはスイッチの ON-OFF 時に接点が振動し，数 ms の間，ON-OFF が繰り返さ

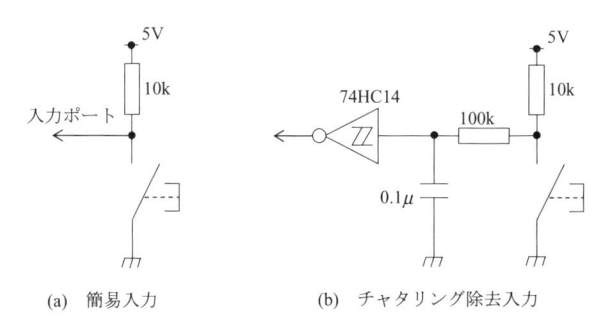

(a) 簡易入力　　(b) チャタリング除去入力

図 6.6　スイッチ入力の回路例

れることになり，1回しか押していないのに，数回押したと判断されることがあるためである．回数をカウントする用途には十分考慮しなければならない現象である．この現象を回避するためには，図6.6(b)で示すようなチャタリング時間以上の時定数をもつ積分回路とヒステリシス特性をもつシュミットトリガ型のバッファを付加することにより実現できるが，ソフトウエアで処理することも十分可能である．この回路の場合，図6.6(a)の回路とは論理が逆になる．

非接触のON-OFFセンサとしてよく使われる光センサの入力回路例を図6.7に示す．発光素子に赤外LED（エルイーディ：Light Emitting Diode），受光素子にフォトトランジスタを使用した例であり，単独の組み合わせ，フォトインタラプタ（遮光型）やフォトリフレクタ（反射型）として組み合わされたものがある．基本的な回路設計は，最初に電流ドライブ素子である赤外LEDの定格内で必要とされる順方向電流 I_F を決定し，電流制限抵抗 R_1 の抵抗値を求める．たとえば I_F=20mA とすれば一般に赤外LEDの順方向電圧は約1.2Vであるため，R_1=(5V－1.2V)/20mA=190Ω≒180〜220Ωの標準抵抗を採用することになる．次に受光側では，基本的に入射時と遮光時でTTLの規格を満足するように負荷抵抗 R_2+VR の値を決定することになる．この回路では遮光時には，フォトトランジスタはOFFであるため，暗電流 I_D のみが流れ出力は0V近辺の電圧となる．一方入射時には，光電流 I_L がフォトトランジスタに流れるが，この大きさは入力の光強度に比例するため，距離や温度条件によって変化する．したがって，単独使用の場合は厳密には実験によって求める必要があるが，フォトインタラプタなどの組み合わせコンポーネントの場合，データシートによってある程度計算で求めることができる．

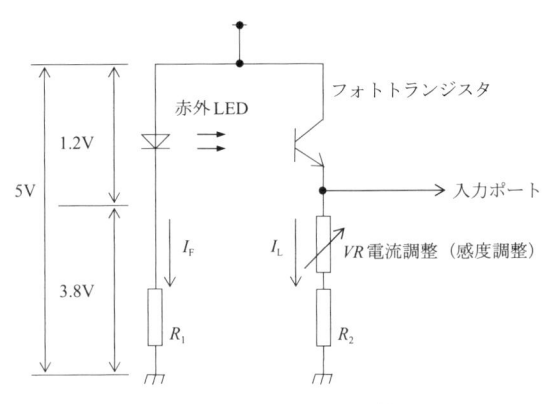

図6.7 光センサの入力回路例

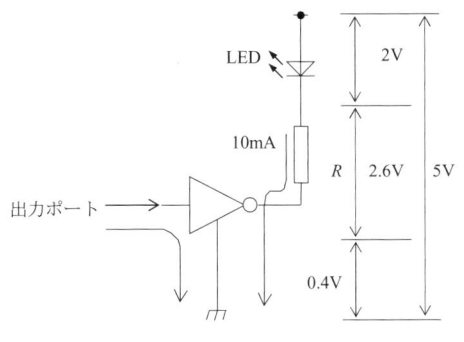

図 6.8 LEDドライブ回路

たとえば，I_F=20mA のとき，I_L=1mA であるとすれば，TTL の最小 H 電圧 2.0V 以上を確保するためには $R2$=2.0V/1mA=2kΩ を必要とし，4.0V 以上なら 4kΩ となる．一般にはセンサ個体のバラツキや使用状況の変化に対応するため，半固定抵抗 VR を直列に挿入して対応する．

2）ディジタル出力

出力ポートからは 0V と 5V の 2 種類の電圧しか出力することができず，かつその電流容量も通常数 mA である．したがって，モータやリレーを直接ドライブすることは不可能であるため，何らかの増幅装置が必要になる．制御用の出力としてよく利用される LED ドライブ回路の基本的な回路例を図 6.8 に示す．

LED は赤外 LED の場合と同様に電流ドライブ素子であるため，必要とする順方向電流を決定し，その電流がポートの許容電流内であれば，ダイレクトに，また超えていれば，トランジスタやバッファアンプでドライブすることになる．図 6.8 はバッファアンプ（オープンコレクタの TTL など）を用いて，10mA の順電流でドライブする例であり，このときの電流制限抵抗 R は，電源電圧 5V からバッファアンプの損失電圧 0.4V と可視光 LED の順方向電圧 2V を引いた 2.6V を 10mA で割った値 0.26kΩ（≒270Ω）となる．この回路ではバッファアンプにインバータを使用したので，ポートに "H" を出力したときに LED が点灯することになる．

c. A/D 変換と D/A 変換

ディジタルの I/O は，基本的にビット単位で行う ON-OFF の入出力であり，"L" か "H" の 2 値の電圧しか扱うことができない．しかし，複数のビットを 1 つの

電圧に対応させるように回路を組むと,ディジタル値とアナログ値を相互に変換することが可能となる.たとえば4ビットであれば16段階,8ビットであれば255段階のアナログ量に対応させることができる.アナログからディジタルへの変換をA/D変換(analog to digital conversion)といい,これを行う回路(素子)をA/D変換器(A/D Converter)という.また逆にディジタルからアナログへの変換をD/A変換(digital to analog conversion)といい,これを行う回路(素子)をD/A変換器(D/A Converter)という.このようにコンピュータでアナログ電圧を扱うことができると,現実の世界がほとんどアナログ量であることを考えればその応用範囲は飛躍的に拡大する.

アナログ量がコンピュータで扱えるようになると,温度,圧力や音などのアナログ量をセンサで検出し,A/D変換器でディジタル化して,コンピュータで演算,判断し,D/A変換器でモータなどのアクチュエータを動かすことができる.

1) D/A変換器

D/A変換器の変換方式には,ラダー抵抗型,重み抵抗型,並列型などの方式があるが,それらのうち最もよく用いられるものは,抵抗をはしご(ladder)状に接続したラダー抵抗型である.図6.9に4ビットの例を示す.抵抗はRと$2R$のみで構成されており,各はしごは電流が1/2ずつ分流するので,$D_0 \sim D_3$の各ビットの信号によって流れる電流がオペアンプで加算され,最終的にV_{ref}がディジタル信号に応じて分圧され,対応するアナログ電圧が取り出せる.この方式の利点は,抵抗値の相対精度の確保によって,高精度の変換器が構成できることである.

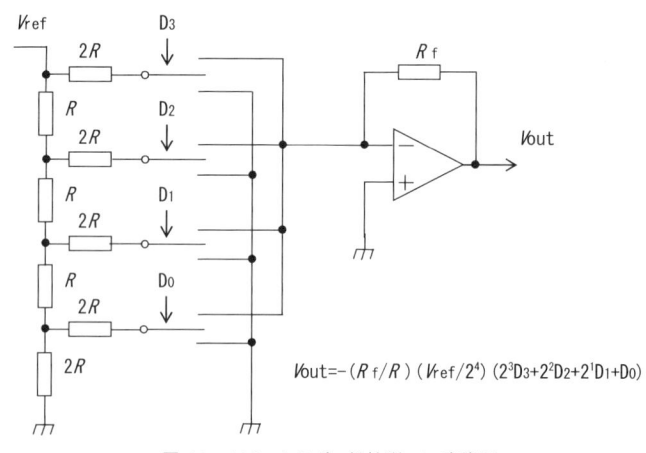

$$V_{out} = -(R_f/R)(V_{ref}/2^4)(2^3 D_3 + 2^2 D_2 + 2^1 D_1 + D_0)$$

図6.9 4ビットラダー抵抗型D/A変換器

D/A 変換器の一般的な仕様は，分解能，変換時間，出力電圧型式などである．分解能とは，隣り合う値をどこまで細分化できるかという能力のことであり，ビット数で表される．一般に 8，10，12，16 ビットなどがあり，5V を 8 ビットで表せば，$5V/(2^8-1)=19.6mV$，10 ビットであれば，$5V/(2^{10}-1)=4.9mV$ の分解能で出力できることになる．

変換時間は，ラダー抵抗型で数 μs であるが，高分解能になるほど遅くなる．画像表示などで高速な変換が必要なとき並列型の D/A 変換器などを利用する．

出力電圧範囲は同じビット数であれば，広いほど分解能は低くなるので，応用によってビット数と電圧範囲を適切に選択することにより，効率的な利用ができる．また，出力電圧が正または負のみの極性を出力する場合はユニポーラ型を，正負両極性の電圧出力が必要な場合はバイポーラ出力対応の D/A 変換器を選択する必要がある．

2）A/D 変換

現実の世界はほとんどがアナログ量であり，これをコンピュータに取り込む場合，そのままでは不可能であるため，アナログ信号をディジタル信号に変換する必要がある．これには，アナログ信号の瞬時値を一定周期ごとに取り込む標本化（sampling），取り込んだアナログ量をディジタル数値に変換する量子化（digitizing），そして量子化されたディジタル数値を 2 進数で数値化する符号化（coding）を行わなければならない．

i）標本化定理　標本化は一定周期ごとに行うが，元の周波数成分を完全に再現するためには，信号波が含む最大周波数の 2 倍以上で標本化しなければならない．これをナイキストの標本化定理といい，もし 2 倍以下の周波数で標本化した場合，実際には含まれていない周波数成分が現れるエイリアシング（aliasing）を生じることになる．したがって，これを防ぐために，標本化周波数の 1/2 以下の周波数のみを通過させるローパスフィルタを付加するなどの前処理を必要とする場合がある．

ii）量子化誤差　量子化によって，アナログ値は分解能ごとのステップ状に変換されるため，最下位ビット LSB（least significant bit）の ±1/2 倍の範囲で誤差を生じる．これは 1LSB が 5mV であるとき，0〜2.5mV までが "0"，2.5〜7.5mV までが "1" に変換されるためである．これを量子化誤差という．これは A/D 変換器の種類に関わりなく量子化にともなって必ず発生する誤差である．他にもオフセット誤差，ゲイン誤差，非直線性誤差と精度を決定する誤差は多くあるが，

変換ビット数によって変換精度は決定されると考えてよいため，高精度な変換が必要な場合は，変換ビット数を多くする．ただし，変換ビット数の増加にともない変換時間は増加する．

iii) 入力方式　A/D 変換器の入力方式にはシングルエンド入力と差動入力がある．シングルエンド入力は，入力チャンネルの1つ1つのグランド間に被変換信号を加える方式で，信号源と A/D 変換器の間に対接地ノイズに基づく電位差が生じ，これが誤差となる．したがって，周囲にノイズ源のない状態で使用する必要がある．対して，差動入力方式は入力チャンネル2つを1組としてそれぞれに入力信号の＋側と－側を加える方式であるため，チャンネル間の差信号が測定される．したがって，それぞれのチャンネルとグランド間に生じたノイズは同電位であるため相殺され，ノイズによる影響を受けない．ただし，実質チャンネル数がシングルエンド入力方式に比べて，半分になる．

iv) 変換方式　A/D 変換器の変換方式には，二重積分型，逐次比較型，並列型など多くの方式があり，それぞれ特徴をもっている．

二重積分型は，変換速度は ms オーダと遅いが，高精度で，ノイズに強いため，速度を要求されない温度計測やディジタルテスタなどに使われている．動作原理は，まず信号を一定時間積分し，次に基準電圧を逆方向に積分し，積分電圧が 0 になるまでの時間に比例したディジタル値を得る方式であり，これによって増幅器の温度ドリフト，オフセット，クロックなどによる誤差を補正できる

逐次比較型は，精度，速度とも中庸でバランスがよく，変換速度が μs オーダ，分解能が 8〜16 ビットで，最も一般的に使用される．これは，基準電圧，コンパレータ，D/A 変換器，比較回路からなり，図 6.10 に 8 ビットの例を示す．

・最初に D/A 変換器の MSB のみを"1"にして（残りは"0"）出力される D/A

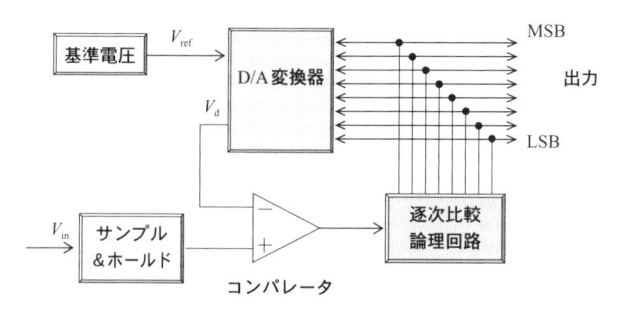

図 6.10　8 ビット逐次比較 A/D 変換器

変換器の出力信号 V_d と入力信号 V_{in} をコンパレータで比較し，入力信号が大きければ MSB＝"1"，小さければ MSB＝"0" と逐次比較論理回路で決定する．
・次に MSB より 1 つ小さい位のビットを"1"にして同様に決定する．これを 8 回（ビット数分）繰り返し，最後に LSB を決定する．
・このようにしてすべてのビットが決定され，このときの D/A 変換器のディジタルデータが A/D 変換結果となる．

A/D 変換中に入力信号が変動すると，正確な A/D 変換結果は得られないので，変換時間内に入力信号が変化する場合は必ず入力信号をサンプル＆ホールドする必要がある．

並列型は，多数のコンパレータを並べて，全ビットを同時に比較するため変換速度が ns オーダと高速であることが特徴である．このため，高速な変換が必要なビデオ信号のディジタル化などに利用され，一般にサンプル＆ホールドも不要となるが，回路規模が大きくなるので低分解能（8 ビット）のものしかない．

vi) 入力電圧型式　　入力電圧型式は D/A 変換器と同様に，正または負のみのデータを扱うユニポーラ型と正負両極性のデータを扱うバイポーラ型がある．

6.3　プログラミング

コンピュータは，ハードウエアを組み上げてもソフトウエアがなければまったく機能しないことは周知のことであるが，そのソフトウエアの善し悪しによって，使い勝手や性能も大きく左右されるため，ソフトウエアの制作すなわちプログラミングは，重要な技術の 1 つとなっている．

a.　アセンブリ言語と C 言語

コンピュータを動かすためのプログラムは，コンピュータが理解できる命令の集まりであるが，そのレベルは CPU が直接理解できる命令である機械語（低級言語）から，アセンブリ言語，C 言語，BASIC などの人間が理解しやすい言語（高級言語）まで，汎用あるいは目的に適した多くの言語がある．機械語は，CPU の命令セットに対応した 2 進数（16 進数）で表されており，見ただけでは数字の羅列であるためまったく理解できないのが通常である．アセンブリ言語は機械語に対して，人間が理解できるように文字で命令を定義し，それと機械語を 1 対 1 で対応させた言語であり，CPU の種類によって異なるため，CPU が変わると命令も変わることになる．しかし，CPU に最も近い言語であるため，実行速度が速く，

効率的なプログラムを作成することができる．ただし，複雑なプログラムの作成にはかなりの熟練を要することも事実である．

これに対して，人間が容易に理解できる命令やプログラミングの容易さを図るため，さらにはCPUの種類に依存しない言語が高級言語と呼ばれる言語である．昨今あらゆる分野でプログラム記述に使われているC言語は，本来UNIXという汎用OS記述用に開発されたものであるが，科学技術計算や制御用のプログラムの記述にも幅広く利用されている．C言語は米国のANSI（アンシー）が標準規格をまとめ，日本でもJISによって規格化されているが，実際にはコンパイラによって多くの方言が存在する．これは汎用コンピュータ用のみならず，CPUの種類ごとに多くのコンパイラが存在し，メーカが独自の関数を準備しているためである．実際C言語では入出力の機能さえ規格化されていない．

C言語の主な特徴は，プログラムの理解，修正，検証を容易にする構造化プログラミングが可能であること，すなわち1つの仕事をするプログラムを関数という形でモジュール化し，その集まりで，プログラム全体を構築する方法を採用していることである．したがって，機能を関数ごとにまとめ，必要に応じてリンクすることにより汎用性が増し，移植も容易になるが，ハードウエア独自の関数を使うことはできなくなる．

b. C言語の基礎

C言語はその柔軟性，移植性の良さとアセンブリ言語に次ぐ高速性のため，広く使われており，多くのコンパイラが存在する．したがって，ここでは，C言語の基礎について若干述べることにし，文法などの詳細は専門書を参考にしていただきたい．

1）コンパイラ言語

高級言語は，ソースプログラムを1行ごとに機械語に翻訳しながら実行するインタプリタ言語と全体を1度に機械語に翻訳して実行するコンパイラ言語に分けられるが，C言語はコンパイラ言語である．プログラム開発には，テキストエディタなどでソースファイルを記述したのち，コンパイラによってコンパイルし，できあがったオブジェクトプログラムをさらにリンカによってリンクして実行可能プログラムを生成するという手順を踏まなければならない．これらはC言語コンパイラとして，すべての機能を含んだ統合開発環境を提供しているものが多く市販されている．

2) 関　　数

C 言語本体は，制御文と代入文しか規格化されておらず，必要な機能は関数を呼び出すことで実現され，メインルーチンそのものも関数として扱われる．関数はデータ（引数）を与えるとあらかじめ決められた仕事をして，戻り値を返してくれるものであるが，引数はなくてもよい．実際の記述は，関数名の後の " () " に引数を，なければ " () " のみでよい．また，1つの関数は " { " で始まり，" } " で終わることになっている．

C コンパイラには，よく使われる関数がライブラリとして付属しており，これらは標準関数と呼ばれ，プログラムの中で自由に使うことができる．たとえばキーボードからのデータ入力関数やディスプレイへの出力関数などである．

プログラムは関数の集まりであるため，どの関数を最初に実行するかを明確にしておく必要がある．最初に実行される関数が main という名前の関数であり，他の関数はこの中から呼び出されて実行されることになる．したがって，プログラムの中に必ず main という関数が1つ存在しなければならない．

3) プログラムの記述

C のプログラムは，小文字で書くことが習慣となっているが，記号定数だけは，一般の変数と区別するため，大文字で書くことになっている．記号定数とは，文字に意味のある値を割りつけて用いる定数であり，単なる数値を文字で表すため，意味が分かりやすくなる利点がある．たとえば ON=" 1 "，OFF=" 0 " と定義すれば，" 1 " や " 0 " を用いるよりプログラムの可読性が向上する．

変数名に使用できる文字は，アルファベットの大文字，小文字，数字，下線 (_) であるが，最初の1文字目はアルファベットか下線でなければならない．また，長さ31文字以内で，予約語は使用できない．なお，大文字と小文字は完全に区別される．変数にはデータの型があり，使用する前に必ずデータ型を宣言しなければならない．

C には行という概念がないため，セミコロン (;) で文の区切りを表すが，関数宣言文，制御文，プリプロセッサコマンド文にはセミコロンをつけない．

プログラムの基本型は，

「プリプロセッサコマンド部」

「main 関数宣言部」

　{

「変数データ型宣言部」

「処理内容部」

}

であるが，変数を使用しないときは「変数データ型宣言部」を省略できる．また，main 関数はどこにあってもよく，プログラムの先頭に書く必要はない．

プリプロセッサとは，プリプロセス（前処理）を行うプログラムで，ファイルの挿入や文字列の置き換えを行う．代表的なコマンドに，#include と#define があり，ソースプログラムの中で標準関数などを使用する場合に，その関数（ヘッダファイル）を先頭でインクルード宣言するために使用される．

c. C 言語による制御プログラミング

制御プログラミングの例として，スイッチ入力と LED 出力を例題として考える．ここでは，小規模制御用途に世界的に使用されているマイクロチップテクノロジー社の RISC（リスク：reduced instruction set computer）アーキテクチュアワンチップマイコンである PIC を対象に，CCS 社の C 言語コンパイラを使用してプログラミングを行う．本コンパイラは，PIC のもつ機能を容易に実現するために，専用の関数を提供しているため，ハードウエアに関係する部分は一般的ではないが，機能を実現する本質部分は変わらない．

図 6.11 に PIC16F84 の I/O ポートに接続したスイッチと LED の要素部分の回路図を示す．スイッチは PORT A（アドレス 5H）のビット 0 と 1 に，また LED は PORT B（アドレス 6H）のビット 0 から 7 に割りつけられている．LED は PIC の I/O ポートが 20mA の電流容量をもつため，バッファアンプなどを使わず直接接

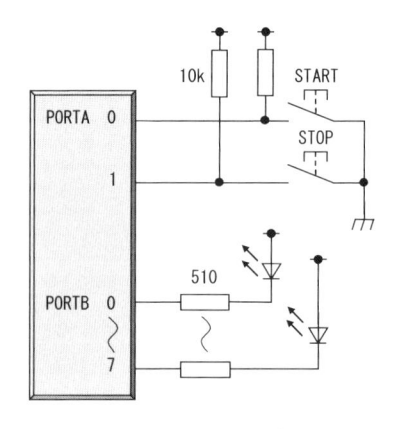

図 6.11 PIC によるスイッチ入力と LED 出力

続されている.

例題として START が押されると 8 個の LED が 1 秒ごとにビット 0 から順に点灯していき，8 個すべて点灯したらまた，ビット 0 から点灯を繰り返す．途中，STOP が押されると一時停止し，さらにもう一度押すと点灯を再開する．以上の動作を実現するプログラムを考える．コーディングの要素を以下に示す．

```
// スイッチ入力と LED 出力
#include<16f84.h>           //専用関数を定義したヘッダファイルをインクルード
                            //PIN_A0 はヘッダファイルでビット 0 に定義されている
#define START PIN_A0        //PORT A のビット 0 に START という名前を定義
void main(void) {           //メイン関数の定義
    int i, beki, led_data;  //変数の宣言(CCS-C では int は 8 ビット unsigned)
    set_tris_a(0xff);       //PORT A を入力に設定（組込み関数を利用）
    set_tris_b(0);          //PORT B を出力に設定
while(input(START)){;}      //START スイッチが押されるまで待つ
    do{                     //無限ループ
        beki=1,led_data=1;  //変数の初期化
        for(i=1;i<=8;i++){  //8 回のループの設定
            beki=beki*2;    //2 のべき乗を計算
            led_data=beki-1; //PORT B に出力するデータ $2^n-1$ をセット
            portb=~led_data; //LED 点灯データを PORT B に出力
            if(input(STOP)==0){ //ストップスイッチが押されたかチェック
                wait_unpush();  //スイッチが離されるまで待つ
                wait_push();    //スイッチが押されるまで待つ
                wait_unpush();  //スイッチが離されるまで待つ
            }
            delay_ms(1000); //1 秒間待つ
        }
    }while(1);              //引数を 1 にすると無限ループになる
}
void wait_unpush(void){     //スイッチが離されたかどうかチェックする
```

```
int i,temp;
do{ for(i=0;i<30;i++) temp=porta;}while((temp&0x03)!=0x03); }
```

プログラムは最初，必要なファイルのインクルード宣言，記号定数の定義などを行い，メイン関数の中でタスク処理を実行する．本プログラムのポイントはLEDを順に点灯させるための出力データの数式化とSTOPスイッチで一時停止を行う場合の処理である．出力データはPORT Bに1,3,7,15,…255すなわち2^n-1（n=1～8）を出力すればよい．また，1つのスイッチで一時停止と再開を行うため，チャタリングを考慮した処理が必要となる．ここでは，wait_unpush関数の中で，ポートを30回（回数はチャタリング時間による）読み込んだ後チェックを行っている．"temp=porta;"はPORT Aの全ビットをtemp変数に代入する文である．その後，スイッチの接続された全ビットをマスクして，判断している．したがって，本関数は，スイッチの種類をチェックしていないことになる．また，ストップスイッチのチェックはデータ出力後にポーリングしているため，delay()関数実行時は検出できない．このような場合は，割込みによる処理を行うことでいつでも停止させることが可能になる．

6.4 生物生産機械の制御

a. コンピュータ制御の必要性

トラクタ，田植機，コンバインなどに代表される昨今の生物生産機械の多くは，マイクロコンピュータの使用が顕著であり，とくに乗用機では100％近く採用されている．これは，多機能化，制御性能の向上，品質の安定化，機種・型式変更への対応の容易化および故障診断の実現などを目指したためである．マイクロコンピュータの導入によって，一度組み上げたシステムでもハードウエアを変更することなく，ソフトウエアの変更で仕様・性能を向上させることも可能であるため，柔軟性に富んだシステムの開発が可能になる．また，このことは，同じハードウエアでも，ソフトウエアを変更することで，多用途に使用することができることも意味する．このような制御用のマイクロコンピュータは，汎用品から専用品まで多くの製品が安価に供給されるようになってきたことも普及の大きな要因であり，1台の機械で複数個のマイクロコンピュータが使われているものも多い．

6.4 生物生産機械の制御

表 6.1 主要生物生産機械のマイクロコンピュータによる制御対象例

	マイクロコンピュータによる制御対象
トラクタ	耕深制御　作業機の姿勢制御　走行変速制御　警報　表示
田植機	作業機の姿勢制御　警報
コンバイン	こぎ深さ制御　脱穀制御　車速制御　アンローダ旋回制御 操向制御　刈高さ制御　警報　表示

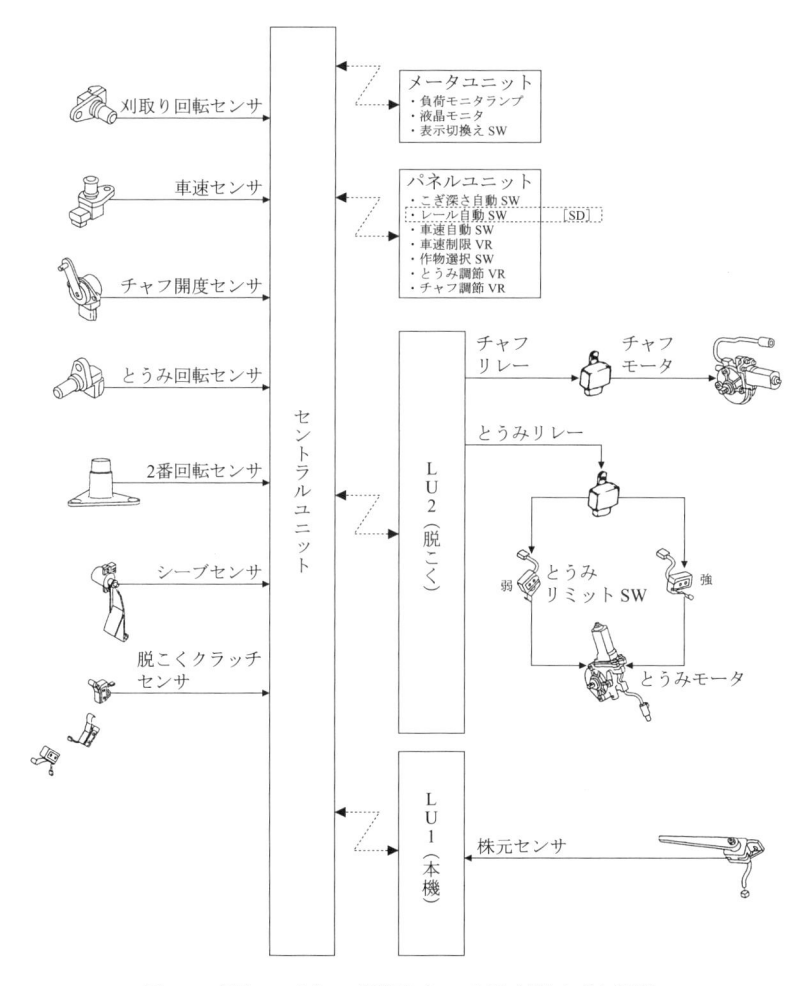

図 6.12 市販コンバインの制御系ブロック図（(株)クボタ提供）

b. 市販生物生産機械の制御例

　主要生物生産機械であるトラクタ，田植機，コンバインのマイクロコンピュータによる制御対象例を表 6.1 に示す．どの機械にも共通する目的は，作業精度・能率を向上させることであるが，加えて表示や異常時の警報などマンマシンインターフェースを考慮した使い勝手の向上も図られている．

　マイクロコンピュータは，トラクタや田植機では機械本体の姿勢が圃場面の起伏によって変化しても，作業機の高さや姿勢を一定に保つ制御や走行の変速制御に使われている．また，とくにコンバインでは多くの作業を行わなければならないため，早くから自動制御が取り入れられた経緯があり，採用されているマイクロコンピュータの数も多い．たとえば稲列に自動的に沿っていくための操向制御，刈取り部の高さを圃場の起伏によらず一定に保つ刈高さ制御，脱穀部へ供給する稲穂の位置を適切に保つこぎ深さ制御などがある．市販されているコンバインに実際に使用されているマイクロコンピュータの具体的な例を図 6.12 に示す．これは 6 条刈り自脱型コンバインに搭載された制御系のブロック図であるが，セントラルユニットは，ローカルユニット（LU1，LU2），各ユニットと通信を行いながら，すべての制御を行う集中制御ユニットである．CPU には 16 ビット CPU が使用され，直接または多重通信線を経由して主にアナログパルス信号系のセンサ情報の入力によりすべての制御演算を行い，その結果に基づいた信号を油圧系アクチュエータへ出力している．また，ローカルユニットは制御に関する高速通信を担当し，ディジタル信号の入力とモータ系アクチュエータへの出力を担当している．

　このようにコンバインでは制御対象が多種にわたり，多くのセンサからの情報をリアルタイムで解析して，適切な制御をしなければならないため，1つの方法として高機能の 16 ビット CPU を中心に，複数の CPU で分散処理する方法が採用されたものと考えられる．今後も CPU 制御により高機能化が図られるものと考えられるが，もし故障が生じた場合に，機械が危険な状態になることなく必ず安全側に移行するフェールセーフ機能をさらに充実させることも重要である．

〔鬼頭孝治〕

演 習 問 題

問 6.1　コンピュータ開発の歴史を調べよ．
問 6.2　身近にあるマイクロコンピュータを利用したメカトロニクス機器を1つあげ，どの

ように利用されているか説明せよ．

問 6.3 割込み処理には，ハードウエア割込みとソフトウエア割込みがあるが，具体的にどのように利用されているか調べよ．

問 6.4 算術演算回路に使われる加算器は入力がともに"0"，またはともに"1"のとき"0"を出力する回路が基本となるが，これと等価な論理演算は何か．

問 6.5 加算器を利用した除算はどのようにして行えばよいか．

問 6.6 図 6.8 の回路でオープンコレクタ TTL の代わりに NPN トランジスタを利用した場合，電流制限抵抗 R は何Ωになるか計算せよ．

問 6.7 フルスケール 5V のユニポーラ型入力をもつ 12 ビットの A/D 変換器で，10mV/°C の温度センサを直接接続して 0.1 °C の分解能を得ることは可能か．

問 6.8 「スイッチ入力と LED 出力」の例題プログラムの中にある"wait_push"関数プログラムを作成せよ．

文　献

1) 岩本洋，他：C 言語マスターブック，オーム社，1995．
2) 後閑哲也：PIC 活用ガイドブック，技術評論社，2000．
3) 特集「これでわかるマイクロプロセッサのしくみ」，インターフェース，CQ 出版社，2002.6．
4) 特集「これでわかる A-D，D-A 変換」，エレクトロニクスライフ，1993.4．
5) ECB No.3 特集「ディジタル IC を使おう」，トランジスタ技術増刊，CQ 出版社，2000．
6) ECB No.4 特集「PIC マイコンを使おう」，トランジスタ技術増刊，CQ 出版社，2000．
7) 中根雅夫：基本情報技術者標準教科書，オーム社，2001．
8) 西原主計，他：C 言語による実践メカトロインターフェース，オーム社，2000．
9) 湯山俊夫：ディジタル回路の設計・製作，CQ 出版社，1992．
10) 横山直隆：C 言語による製作と制御実習入門，シータスク，1996．

7. 生物生産ロボット

7.1 ロボット化の意義

カーネギーメロン大学ロボット工学研究所の金出武雄は「20世紀はコンピュータの時代，21世紀はロボットの時代である」という．農業面で見ると20世紀は機械化の時代であった．19世紀後半アメリカで農業労働不足を補うために農業機械が発明され，ヨーロッパに普及した．わが国では1960年代後半からの高度経済成長により，農村の労働力不足と所得向上が進み，稲作の機械化が進展した．これにより，水稲10a当たり労働時間は1960年の170時間から2000年には35時間にまで短縮され，また農作業の重労働からの解放をもたらした．しかし，現在でも生物生産においては人手に頼る作業が多く残されており，農家からはさらなる改善が求められている．

20世紀は技術の世紀であり，制御理論，スペクトル解析，GPS（全地球測位システム，global positioning system），情報技術などが目覚しく発展した．ロボットはこれらの技術の総合である．生物生産においてはこれまで機械化できなかった作業を，ロボット化により実現すること，あるいはロボットの知覚・判断機能により正確かつ適正な作業を実現することが期待されている．

7.2 ロボットの種類と役割

1980年代初めにマイクロコンピュータが普及しはじめた．これにより機械に知能を付加する可能性が生じ，ロボット研究が各方面で着手された．生物生産ロボット研究もほぼ同時期に開始された．当初はマイクロコンピュータにより，手の代わりをするロボットが製作できるとの期待があり，マニピュレータとハンドを有して，トマト，夏ミカン，オレンジなどを収穫するロボットが，わが国はじめフランス，アメリカなどで開発された．また，オーストラリアでは羊の毛刈りロボットが開発され注目された．しかし，人間の手作業をロボットで置き換えることは当時の技術では，費用対効果の面で実用化が困難であると判断され，マニピュレータ形生物生産ロボットの研究は1990年代初めには下火になった．これに代

わって登場したのが，従来の農業機械の自律走行と，プレシジョン・アグリカルチャ（精密農業，precision agriculture）用の機械の開発である．精密農業とは，土壌，生育量，収量などを小区画ごとにセンシングすることで最適の施肥量を算出して，食料生産と環境保全の両立を図る農業である．精密農業の実現には，圃場での作業機の位置計測，生育量のリモートセンシング，可変作業機などが必要である．これらはこれまで研究されてきた自動化，ロボット化の技術の発展により可能なことと，ロボットに比べて実現性が高いことから研究が進んだ．一方，情報化技術の進歩によりマニピュレータ形ロボットについても実用化の可能性が高まり，わが国を中心に着実に研究が進められている．

7.3 ロボットの構造

a. ロボットの構成要素

ロボットは人間同様，ボディ(体)，センス(感覚)とインテリジェンス（知能）からなる．ボディの代表はマニピュレータと移動機構である．また，既存の農業機械をボディとして使用する場合も多い．ロボットが自身で判断して作業を行うには，位置，向き，角度，回転数，距離の検出や対象物の判定などの情報を取得することが必要である．このためロボットは各種のセンサを必要とする．また，センシングした情報から，次の行動を決定するための知能が必要である．

b. ボ ディ
1) マニピュレータ

野菜や果実の収穫は従来形の農業機械では十分な対応が難しい．このため，マ

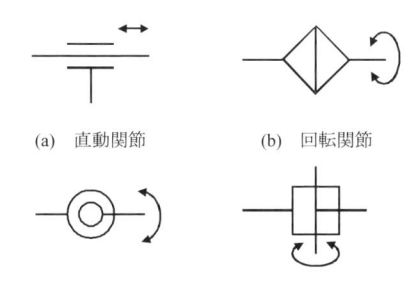

(a) 直動関節　　(b) 回転関節

(c) 回転関節（旋回1）　(d) 回転関節（旋回2）

図 7.1 運動機能を表す記号

ニピュレータを必要とする．マニピュレータは，直動関節（prismatic joint）と回転関節（revolute joint）からなり，図 7.1 の記号で表される．図 7.1 (b) と区別するため，図 7.1 (c),(d) を旋回関節と呼ぶことがある．代表的なマニピュレータの機構には図 7.2 (a) の直角座標形，図 7.2 (b) の円筒座標形，図 7.2 (c) の極座標形，図 7.2 (d) の垂直多関節形，図 7.2 (e) の水平多関節形などがある．マニピュレータの自由端（手先）が移動できる領域を作動領域（operational space）という．通常の関節の可動範囲を考慮した各マニピュレータの作動領域を図 7.2 の 2 点鎖線で示す．ロボットの開発にあたって，作業に応じて最適のマニピュレータを選択することが必要である．

2）移動機構

屋外で作業を行うロボットをフィールドロボットという．このロボットはマニ

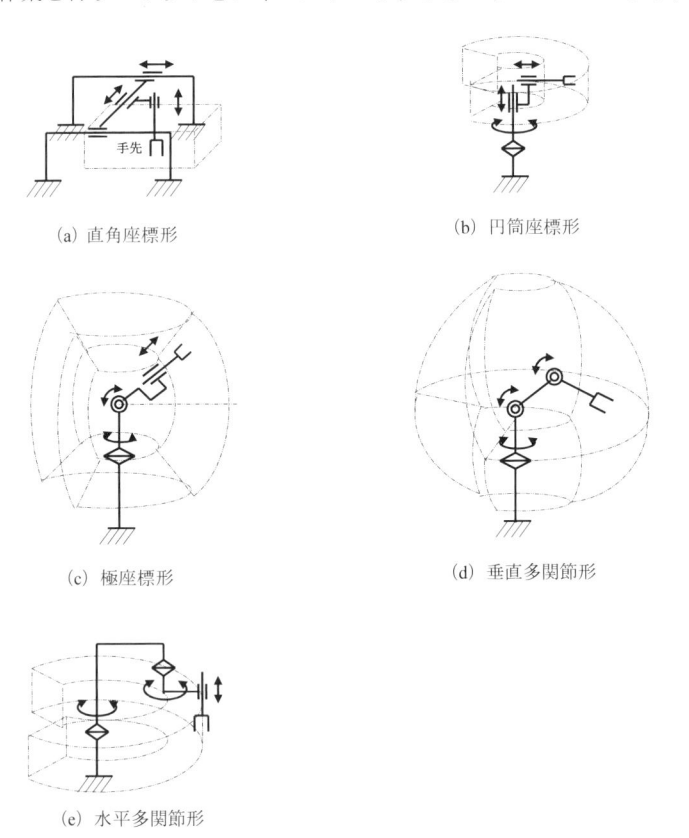

(a) 直角座標形

(b) 円筒座標形

(c) 極座標形

(d) 垂直多関節形

(e) 水平多関節形

図 7.2　マニピュレータの機構

ピュレータ搭載のための移動機構を必要とする．移動機構には車輪式，履帯（クローラ）式あるいは果樹園用のモノレール式が使用される．ガントリ式，脚式なども研究されているが費用対効果の面で実用化は難しい．生物生産では従来から人の運転する農業機械，たとえばトラクタ，田植機，コンバイン，施肥機などで作業を行ってきたものが多い．これらは農作業に最適に設計されたものであり，これらを自律走行させたものもセンスとインテリジェンスを有しているため，最近ではロボットと呼んでいる．この場合はこれらの機械がボディと呼ばれる．

c. セ ン ス
1) 角度・距離センサ

マニピュレータが目標の長さと角度に制御されていることを検出するために，ロータリエンコーダとポテンショメータがよく使用される．対象物や障害物の検知には，超音波センサ，赤外線センサもよく用いられる．超音波センサは，超音波の伝達時間を計測することで距離が測定できる．さらに，安価で対象物を広くとらえることができる．一方，赤外線センサは，人間の発する赤外線を検知することで人間と物体を区別できる．また，指向性が強いためトリガ信号として使用される．

図 7.3 は，人の運転する先行車両とコンピュータ制御の無人追走車両とを組み合わせて，1人の作業者が複数の機械を同時に操作する方式で，群管理システムと呼んでいる．このシステムでは，超音波センサと赤外線センサの特長を組み合わせて，先行車両と追走車両の車間距離と横方向距離（オフセット）を検出している．図 7.4 に示すように，先行車両の左右に超音波発信器(UT)，中央に赤外線受信器（IR）が設置されている．また，追走車両には左右に超音波受信器（UR），

図7.3 群管理システムによる収穫（飯田訓久，1999）

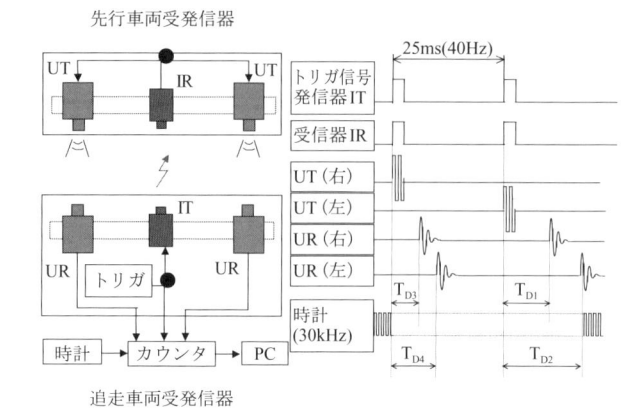

図 7.4 超音波と赤外線による車両相対位置の検出

中央に赤外線発信器（IT）が設置されている．追走車両から赤外線トリガ信号が発信され，先行車両の赤外線受信器が信号を受信すると，右側の超音波発信器から超音波が発信される．この信号を追走車両の左右の超音波受信器が受信し，受信時間（T_{D3}, T_{D4}）からセンサ間の距離を算出する．25ms 後に左側の超音波発信器から超音波が発信され，同様に追走車両の左右の超音波受信器が信号を受信し，受信時間（T_{D1}, T_{D2}）からセンサ間の距離を算出する．4 点の距離を算出することにより車両間の相対位置が定まり，車間距離とオフセットが検出される．

2）自律走行のためのセンサ

自律走行のためには，ロボットの位置と向きの検出が必要である．位置の検出には GPS あるいは光波距離計が用いられる．向きの検出にはジャイロあるいは磁気方位センサが用いられる．これらのセンサを組み合わせて，位置と向きを検出する．ドップラレーダ速度計にて移動距離を計測し，ジャイロによる向きの検出と組み合わせて，位置を検出する方法も用いられる．

GPS には DGPS と RTK-DGPS が使用される．DGPS（differential GPS）は，事前に位置の判明している固定局で受信した信号（擬似距離）と正しい距離の誤差とから，補正値を算出し，これを補正値として時々刻々移動局に送信し，移動局で受信した信号を補正することで検出精度を向上させる．RTK-DGPS（real time kinematic-DGPS）は，同様に位置の判明している固定局と移動局で受信する搬送波の位相差を検出して，移動局の信号を補正するため精度が良く，cm 単位で位置検出が可能である．光波距離計による位置計測は，図 7.5 に示すように，光波距

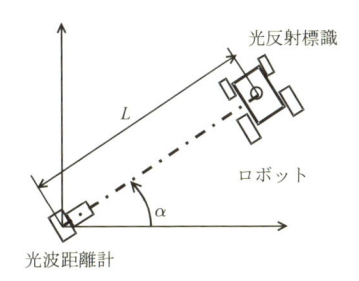

図 7.5 光波距離計による車両の位置計測原理

離計からレーザ光を発射して，車両に搭載した光反射標識からの反射光から距離を検出し，また反射標識を自動追尾して光波距離計の角度を検出して，光反射標識を搭載したロボットの位置を求める．ドップラレーダ速度計は，移動するロボットに搭載した速度計から所定の周波数のマイクロ波を発信すると，地上で反射したマイクロ波の周波数は，ドップラ効果にて速度に比例して変化することを利用して測定する．

ジャイロには，光ファイバ・ジャイロ（fiber optical gyroscope, FOG）と振動式ジャイロなどがある．FOG では約 $0.01°$ の分解能，振動式では約 $1°$ の分解能を有する．地磁気方位センサ（magnetic direction sensor）は，地磁気を基準に向きを検出するもので，場所による磁気環境や傾斜による補正が必要であるが，簡便なため良く用いられる．

その他，電流を流した線あるいは磁石を地中に埋め，磁力が距離により変化することから磁力が一定値になるように制御して，果樹園での防除ロボットを自律走行させる方法が開発されている．

図 7.6 (a) の車両は，ドップラレーダ速度計で走行距離を検出し，FOG で向きを

(a) 速度計とジャイロによる　　(b) 視覚センサによる

図 7.6 自律走行車両（村主勝彦 他，2002）

検出することで自律走行を行う．車両前部に取り付けられているのは，地中に埋め込んだ磁石の磁気を検出するホール素子を埋め込んだ板である．ジャイロは相対的な角度しか検出できないため，磁力の検出にて，初期の方向や走行途中での補正に利用する．

3）視覚センサ

視覚センサは文字どおり目の役割を果たすものであり，色彩やパターンマッチングにより，収穫対象物であるキャベツ，スイカなどを検出すること，あるいは人間を識別することが可能である．さらに道路の端部や交差点などでのマーカの識別が可能であるなど利用範囲が広く，多様な可能性を有している．このため，単独あるいは他のセンサと組み合わせて広く使用される．カメラとしては多くの場合CCDカメラが用いられる．

図7.6(b)はドップラレーダ速度計とFOGに代えて，視覚センサを搭載した自律走行車両である．図7.7(a)は，カメラで撮影した原画像である．これに各種のフィルタリング，ハフ変換などの処理を施して，農道の端部を検出する．カメラ画像は遠くになるほど小さくなるため，座標変換を施して図7.7(c)の車両座標を得る．車両座標の農道から走行経路を求める．

生物生産ロボットでは，走行のための外界の認識だけでなく，植物の生育つまり窒素含有量を検出することも要求される．植物の窒素含有量とほぼ比例する葉緑素は，赤の光を吸収し，補色である緑を反射する．近赤外線の反射は，葉緑素の量に関係しない．このため，赤と近赤外線，または緑と近赤外線の反射量を計測して，2つの反射率の差と和の比である正規化植生指数（normalized difference vegetation index, NDVI）を求めて，生育段階ごとの窒素量の推定が行われる．果

図7.7 視覚センサによる走行経路の決定（村主勝彦 他，2002）　(a) 原画像　(b) 農道端部検出　(c) 車両座標

樹園では近赤外線により糖度を検出する方法も用いられる．

d. インテリジェンス
1) 作業計画
耕うんや田植作業を行うためには，圃場の大きさと形状を，ロボットにあらかじめ与えることが必要である．これらが与えられると，コンピュータは自動的に作業計画を立案することができる．圃場の大きさや形状をコンピュータにインプットする方法としては，一度人が圃場の最外周の農作業を行って，大きさや作業方向を教示するティーチング法，GPS で圃場の四隅の位置を計測してコンピュータにインプットする方法，地理情報システム（GIS）を利用して，目標とする点列ごとに，操舵，変速機の変速段を与える方法などが研究されている．

2) 収穫適期，生育状態の判定
収穫適期や生育量のセンシングにより，収穫適否，施肥量，灌水量を判定する．野菜の収穫適期の判断には，色彩，形状，大きさが用いられる．イネの生育状態の判定には，NDVI，吸光度などが用いられる．

7.4 ロボットの制御

a. マニピュレータの制御
マニピュレータの各関節変位を与えて，手先位置を求めることを運動学問題という．変位とは，直動関節では並進変位，回転関節では回転変位をさす．関節の数を自由度という．n 自由度のマニピュレータの関節変数ベクトルを

$$q = [q_1, q_2, \cdots, q_n]^T$$

と定義し，手先位置ベクトルを

$$r = [r_1, r_2, \cdots, r_m]^T$$

とする．3次元空間での m の最大値は一般的に6となる．r と q の関係は

$$r = f(q) \tag{7.1}$$

と表せる．これに対して，所定の手先位置になるように関節変位を求める問題は，逆運動学問題と呼ばれ

$$q = f^{-1}(r) \tag{7.2}$$

と表せる．式(7.1)を時間に関して微分すると

$$\dot{r} = J(q)\dot{q} \tag{7.3}$$

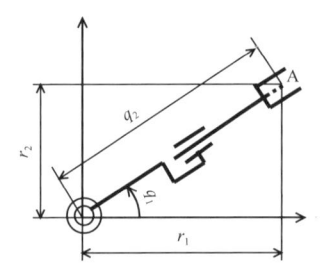

図 7.8　2自由度極座標マニピュレータ

となる．$J(q)$ はヤコビ行列と呼ばれ，これを用いると各関節速度から手先の速度を求めることができる．同様に，所定の手先の速度になるように，各関節の速度を求める問題は

$$\dot{q} = J^{-1}(q)\dot{r} \tag{7.4}$$

で表され，これも広義の逆運動学問題と呼ばれる．手先を任意の軌跡と速度で動かしたい場合，これらの式から算出される関節変位と速度を与える．以下例題により解法を示す．

【例題 7.1】

農業ロボットに広く利用される極座標マニピュレータの腰の回転関節を取り去った平面モデル，図 7.8 の運動学問題を解く．手先位置は

$$r = f(q) = \begin{bmatrix} r_1 \\ r_2 \end{bmatrix} = \begin{bmatrix} q_2 \cos q_1 \\ q_2 \sin q_1 \end{bmatrix} \tag{7.5}$$

と表せる．関節変位 q_1 と q_2 が与えられると，式(7.2) から手先位置 r が求められる．

逆運動学問題は

$$q_1 = \tan^{-1}(r_2/r_1) \tag{7.6}$$

$$q_2 = (r_1^2 + r_2^2)^{\frac{1}{2}} \tag{7.7}$$

と表せる．関節速度は

$$\begin{bmatrix} \dot{r}_1 \\ \dot{r}_2 \end{bmatrix} = \begin{bmatrix} \dfrac{\partial r_1}{\partial q_1}, \dfrac{\partial r_1}{\partial q_2} \\ \dfrac{\partial r_2}{\partial q_1}, \dfrac{\partial r_2}{\partial q_2} \end{bmatrix} \begin{bmatrix} \dot{q}_1 \\ \dot{q}_2 \end{bmatrix} = \begin{bmatrix} -q_2 \sin q_1, \cos q_1 \\ q_2 \cos q_1, \sin q_1 \end{bmatrix} \begin{bmatrix} \dot{q}_1 \\ \dot{q}_2 \end{bmatrix} \tag{7.8}$$

から

7.4 ロボットの制御

$$\begin{bmatrix} \dot{r}_1 \\ \dot{r}_2 \end{bmatrix} = \begin{bmatrix} -q_2 \dot{q}_1 \sin q_1 + \dot{q}_2 \cos q_1 \\ q_2 \dot{q}_1 \cos q_1 + \dot{q}_2 \sin q_1 \end{bmatrix} \tag{7.9}$$

と与えられる．

また $\boldsymbol{A} = \begin{bmatrix} a_{11}, a_{12} \\ a_{21}, a_{22} \end{bmatrix}$ の逆行列は，

$$\boldsymbol{A}^{-1} = \frac{1}{\Delta} \begin{bmatrix} a_{22}, -a_{12} \\ -a_{21}, a_{11} \end{bmatrix}, \quad \Delta = a_{11}a_{22} - a_{12}a_{21} \neq 0 \tag{7.10}$$

で与えられるので

$$\Delta = -q_2 \sin^2 q_1 - q_2 \cos^2 q_1 = -q_2 \tag{7.11}$$

したがって，所定の手先速度を与えるための関節速度は

$$\begin{bmatrix} \dot{q}_1 \\ \dot{q}_2 \end{bmatrix} = \boldsymbol{J}^{-1}(\boldsymbol{r}) \begin{bmatrix} \dot{r}_1 \\ \dot{r}_2 \end{bmatrix} = \frac{-1}{q_2} \begin{bmatrix} \sin q_1, & -\cos q_1 \\ -q_2 \cos q_1, & -q_2 \sin q_1 \end{bmatrix} \begin{bmatrix} \dot{r}_1 \\ \dot{r}_2 \end{bmatrix} = \begin{bmatrix} -\dot{r}_1 q_2^{-1} \sin q_1 + \dot{r}_2 q_2^{-1} \cos q_1 \\ \dot{r}_1 \cos q_1 + \dot{r}_2 \sin q_1 \end{bmatrix} \tag{7.12}$$

で与えられる．　　　　　　　　　　　　　　　　　　　　　　　　　　　△△△

【例題 7.2】

図 7.9 の 2 自由度の垂直多関節マニピュレータの運動学問題を解く．手先位置は

$$\boldsymbol{r} = \boldsymbol{f}(\boldsymbol{q}) = \begin{bmatrix} r_1 \\ r_2 \end{bmatrix} = \begin{bmatrix} L_1 \cos q_1 + L_2 \cos(q_1 + q_2) \\ L_1 \sin q_1 + L_2 \sin(q_1 + q_2) \end{bmatrix} \tag{7.13}$$

と表せる．逆運動学問題の q_2 は，余弦定理から

$$r_1^2 + r_2^2 = L_1^2 + L_2^2 - 2L_1 L_2 \cos(\pi - q_2) \tag{7.14}$$

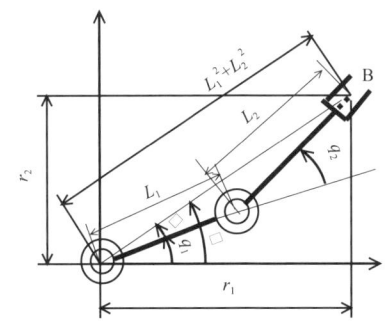

図 7.9　2 自由度垂直多関節マニピュレータ

$$q_2 = \cos^{-1} \frac{r_1^2 + r_2^2 - (L_1^2 + L_2^2)}{2L_1 L_2} \tag{7.15}$$

次に

$$\tan q_1 = \tan(\alpha - \beta) = \frac{\tan\alpha - \tan\beta}{1 + \tan\alpha \tan\beta} = \frac{r_2(L_1 + L_2 \cos q_2) - r_1 L_2 \sin q_2}{r_1(L_1 + L_2 \cos q_2) + r_2 L_2 \sin q_2} \tag{7.16}$$

ただし

$$\tan\alpha = r_2/r_1 \tag{7.17}$$

$$\tan\beta = \frac{L_2 \sin q_2}{L_1 + L_2 \cos q_2} \tag{7.18}$$

$$\begin{bmatrix} q_1 \\ q_2 \end{bmatrix} = \begin{bmatrix} \tan^{-1} \dfrac{r_2(L_1 + L_2 \cos q_2) - r_1 L_2 \sin q_2}{r_1(L_1 + L_2 \cos q_2) + r_2 L_2 \sin q_2} \\ \cos^{-1} \dfrac{r_1^2 + r_2^2 - (L_1^2 + L_2^2)}{2L_1 L_2} \end{bmatrix} \tag{7.19}$$

速度の関係は,例題 7.1 と同様

$$\begin{bmatrix} \dot{r}_1 \\ \dot{r}_2 \end{bmatrix} = \begin{bmatrix} -L_1 \sin q_1 - L_2 \sin(q_1+q_2), & -L_2 \sin(q_1+q_2) \\ L_1 \cos q_1 + L_2 \cos(q_1+q_2), & L_2 \cos(q_1+q_2) \end{bmatrix} \begin{bmatrix} \dot{q}_1 \\ \dot{q}_2 \end{bmatrix} \tag{7.20}$$

と与えられる.さらに例題 1 と同様,逆行列の分母は

$$\Delta = L_1 L_2 \sin q_2 \tag{7.21}$$

となる.したがって手先速度を実現するための関節速度は

$$\begin{bmatrix} \dot{q}_1 \\ \dot{q}_2 \end{bmatrix} = \boldsymbol{J}^{-1}(\dot{\boldsymbol{r}}) \begin{bmatrix} \dot{r}_1 \\ \dot{r}_2 \end{bmatrix} = \begin{bmatrix} \dfrac{\cos(q_1+q_2)}{L_1 \sin q_2}, & \dfrac{\sin(q_1+q_2)}{L_1 \sin q_2} \\ -\dfrac{L_1 \cos q_1 + L_2 \cos(q_1+q_2)}{L_1 L_2 \sin q_2}, & -\dfrac{L_1 \sin q_1 + L_2 \sin(q_1+q_2)}{L_1 L_2 \sin q_2} \end{bmatrix} \begin{bmatrix} \dot{r}_1 \\ \dot{r}_2 \end{bmatrix} \tag{7.22}$$

で与えられる. △△△

マニピュレータは 3 次元空間を動くため,実際には Denavit-Hartenberg の記法などを使って解析する.また,マニピュレータは,質量と慣性能率をもっているため,関節駆動トルクと関節変位の関係は,2 階の連立常微分方程式にて与えられる.これらを解くことで,各関節トルクを求めることが必要である.

b. 自律走行車両の制御

図 7.10 に,図 7.4 の追走車両のための走行制御のブロック線図を示す.この車

7.4 ロボットの制御

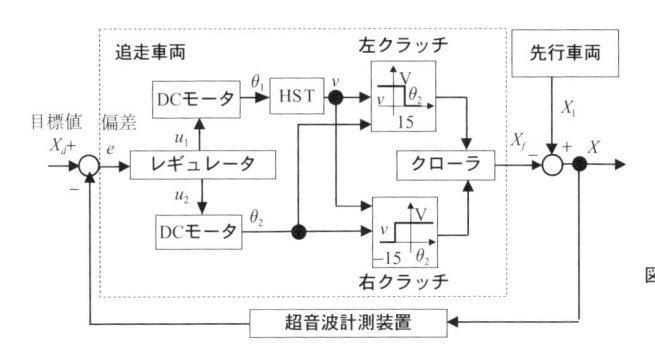

図7.10 群管理システムの追走車両の走行制御ブロック線図

両は履帯式で動力伝達装置は静油圧駆動（HST）である．HSTはポンプとモータからなっており，ポンプの斜板角を変化させて吐出量を変え，モータの回転速度を変化させる．斜板角はDCモータで駆動している．操舵は左右の履帯のクラッチを，同様にDCモータで断続して実施する．

所定の車間距離とオフセットは目標値 X_d として与えられている．超音波で測定した車間距離とオフセットが目標値と比較され，偏差をなくすように，車速を変えるための斜板角制御用DCモータへの操作量 u_1 と向きを変えるための履帯クラッチ断続用DCモータへの操作量 u_2 がそれぞれ指令される．これにより先行車両の移動にあわせて，無人追走車両の速度と向きが変更される．次のステップで，車間距離とオフセットがフィードバックされて再度目標値 X_d と比較され，偏差 e を解消するように追走車両の車速と向きの変更が繰り返される．これにより車間距離とオフセットが目標値に維持される．

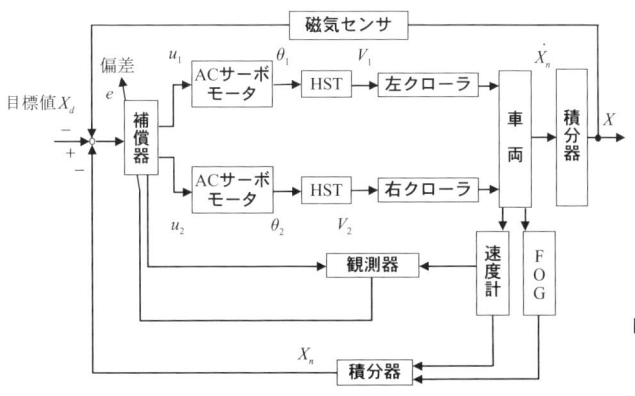

図7.11 速度計とジャイロによる自律走行制御ブロック線図

図 7.11 に，図 7.6 (a) の自律走行車両の走行制御のためのブロック線図を示す．この車両も履帯式である．しかし，動力伝達経路は図 7.3 の車両と異なり，左右の履帯は別々の HST で駆動される 2 ポンプ-2 モータ式である．左右の HST の斜板角は，それぞれの AC サーボモータで別々に制御される．このシステムでは左右の HST の斜板角を同じにしても，路面からの反力や動力伝達系の加工精度により車両は直進しない．このため，左右の AC モータの操作値 u_1 と u_2 を補正する補償器が組み込まれている．補償器は左右の HST の斜板角度と FOG による向きの変化を常に比較して，補正係数を計算ステップごとに修正する．車両の状態は速度計と FOG で計測され，これらの値から移動距離と向き，および車両の位置が算出され，あらかじめコンピュータに入力された目標経路から算出されるその時刻での目標値 X_d との偏差 e が補正され，車両は目標経路上を走行する．この方式は，与えられた目標値に追従するように制御されるため，追従制御と呼ばれる．これに対して，群管理システムは，設定された車間距離とオフセットを維持するように制御されるため，定値制御と呼ばれる．

車輪式車両の場合，ステアリングホイールの操舵角を操作して走行制御するが，高速である場合が多いので，等価 2 輪モデルを使って解析し，車両の質量と慣性能率を考慮して制御を行う必要がある．

7.5 農業ロボット

a. 収穫ロボット

生物生産に使用されるロボットの実例をあげて紹介する．図 7.12 は，直角座標マニピュレータを取り付けたレタス収穫機である．画像処理装置で大きさを，力センサで硬さを測定して選択収穫する．図 7.13 は，極座標マニピュレータを用いたキャベツ収穫機である．やはり画像処理装置をもち，キャベツの大きさを判定して選択収穫する．図 7.14 は，垂直多関節マニピュレータをもつキュウリ収穫機

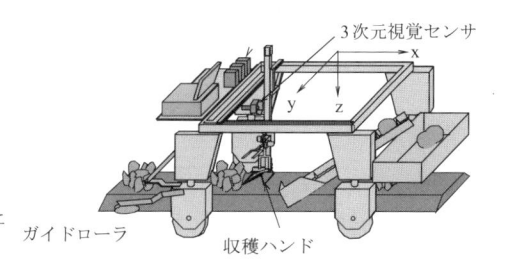

図 7.12 直角座標マニピュレータを用いたレタス収穫機（土肥, 1993）

図 7.13　極座標マニピュレータを用いたキャベツ収穫機（村上，1999）

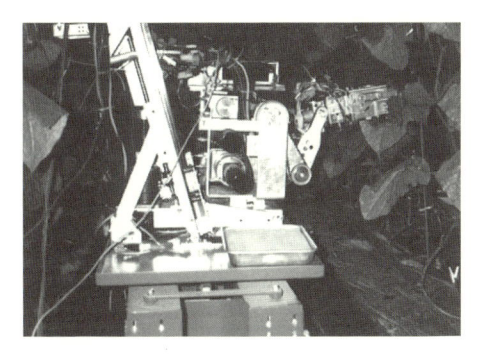

図 7.14　垂直多関節マニピュレータを用いたキュウリ収穫機（有馬 他，1994）

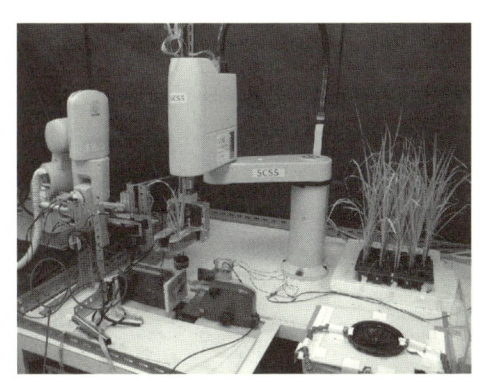

図 7.15　水平多関節マニピュレータを用いた苗移植機（海津，2000）

図 7.16 変則多関節マニピュレータを用いたスイカ収穫機 (Umeda, 1999)

図 7.17 重量果実収穫ハンド (梅田, 1996)

である．垂直多関節マニピュレータが斜めの直動関節に取り付けられている．ハンドは障害物を避けていろいろの位置から目標であるキュウリに近づく必要があるため，マニピュレータに冗長自由度をもたせてある．冗長自由度をもつマニピュレータは，ハンドの位置に対して，各関節変位が一意的に定まらない．図 7.15 は，水平多関節マニピュレータを用いた，サトウキビの苗移植機である．また，図 7.16 は変則多関節マニピュレータを用いたスイカ収穫機である．スイカは質量が平均 7kg あり，最大 12kg と重い．加えて光合成に必要な葉を確保するため長いつるが必要で約 3m の畝の上に作られる．このため，通常の開ループリンクマニピュレータでは先端部にあるスイカを持ち上げるためには，大きなトルクとマニピュレータの強度を必要とする．図 7.16 のマニピュレータは中間に平行四辺形のリンクを有していて，ハンドを取り付けたリンクは水平を保ったまま上下に移動する．この機構はロバーバル（Roverval）機構と呼ばれ，これによりスイカをどの位置で持ち上げても，持ち上げトルクは，スイカの重さと平行四辺形のリンク長との積となるため，前方にあるスイカを小さなトルクで持ち上げることができ

図 7.18 自動直進田植機(生研機構, 2001)

図 7.19 自律走行トラクタ(行本 他, 1998)

る.また,ハンドの並進変位はベルトで与えている.このロボットは,スイカ収穫に必要な機能は何かを考えて設計されたため,通常のマニピュレータとは構造が異なる.図 7.17 は,スイカ収穫用のメカニカルハンドである.このハンドは 4cm の誤差があっても果実を把持することが可能であり,また持ち上げたときは果実の重量がリンクを閉じる方向に作用するように工夫がしてあるので,移動中にスイカを落下させることがない.

b. 田植機とトラクタの自律走行

図 7.18 は,田植機の自律走行の様子である.田植機は作業中に苗を供給する必要がある.これまでは田植機を停止させて苗を供給していた.この田植機は地磁気方位センサにより,苗を供給する短い時間だけ無人で走行することができる.田植機では,RTK-DGPS と FOG を組み合わせた完全無人田植機も開発されている.図 7.19 は,光波距離計と地磁気センサを組み合わせた自律走行トラクタであ

り，技術的には実用レベルに達している．自律走行トラクタでは RTK-DGPS と FOG を組み合わせたものも開発されている．　　　　　　　　　　　　　　〔梅田幹雄〕

演習問題

問 7.1 2自由度の極座標マニピュレータの手先目標軌道 r_{d1} と r_{d2} を与えて，手先位置 r_1 と r_2 をフィードバック制御するブロック線図をかけ．ただし，関節角度 q_1 と q_2 は，ロータリエンコーダで計測する．

問 7.2 図 7.13 のマニピュレータのリンク機構をかけ．

問 7.3 図 7.16 のマニピュレータのリンク機構をかけ．

問 7.4 問 7.3 のリンクの平行四辺形のリンク長が Lm，スイカの質量が $m$kg，位置が am のときの，持ち上げトルクを計算せよ．

問 7.5 例題 7.1 のリンク機構で，$m$kg のスイカを持ち上げるときのトルクを計算し，2つのリンク機構の必要トルクを比較せよ．

文　献

1) 有馬誠一，他：キュウリ収穫ロボットの研究（第1報），農業機械学会誌，**56**(1)，55-64，1994．
2) 飯田訓久，他：無人追走方式の研究（第1報），農業機械学会誌，**61**(1)，99-106，1999．
3) 飯田訓久，他：スイカ収穫グリッパの開発，農業機械学会誌，**58**(3)，19-26，1996．
4) Umeda, M., et al.：Development of "STROK", a watermelon-harvesting robot, Artificial Life Robotics, **3**, 143-147, 1999.
5) 岡本嗣男，他：生物にやさしい知能ロボット工学，実教出版，1992．
6) Kaizu, N., et al：Automatic Separation of Ex Vitro Micropropagated Sugarcane, Agricultural Engineering International, the CIGR Journal of Scientific Research and Development Manuscript IT 01 002, Vol. III, 2000.
7) Kondo, N., et al.：Robotics for Bioproduction Systems, ASAE, 1998.
8) 村主勝彦，他：画像処理による運搬車両の自律走行（第1報），農業機械学会誌，**64**(2)，49-55，2002．
9) 生研機構：農業機械学会，未来の食糧生産を支える農業ロボット・自動化フォーラム，実演会プログラム，11-12，2002．
10) 土肥　誠，他：野菜多機能ロボットの研究（第1報），農業機械学会誌，**55**(6)，77-84，1993．
11) 村上則幸，他：キャベツ収穫ロボットの開発（第1報），農業機械学会誌，**61**(5)，85-92，1999．
12) 行本　修，他：耕うんロボットシステムの開発（第1報），農業機械学会誌，**60**(4)，29-36，1998．
13) 吉川恒夫：ロボット制御基礎論，コロナ社，1988．

8. 農産食品加工におけるシステム制御
－ファジィ制御によるバナナ追熟加工－

　バナナの追熟は，バナナの収穫後に起こる成熟現象である．このような生物を対象とした現象の制御は入力と出力の関係が明確でないためPID制御などによる従来の制御方法の応用が難しい場合が多い．一方，制御のエキスパートシステムといえるファジィ制御は，熟練したオペレータの経験や専門家の知識などを定性的に言葉で表現し，ファジィ制御規則の形にすることで実現される．したがって，ここで取り上げるバナナの追熟加工制御はまさに熟練者の経験や勘に頼って行われており，ファジィ制御が有効である．

8.1　バナナの追熟加工

　年間約100万トン輸入されているバナナは，植物防疫法で黄色く熟したものは陸揚げが禁止されているため，緑熟状態で輸入される．緑熟バナナはそのままでは食べられないため，追熟加工を行い店頭で見られるように，黄色く，甘くしてから販売される．

　バナナの追熟加工は"むろ"と呼ばれる加工室で4～7日間かけて行われる．加工には植物ホルモンの一種であるエチレン（C_2H_4）が使われ，バナナの一様な追熟を促す．エチレンは濃度が1000ppm程度になるように加工室内に注入され24～48時間密封される．追熟日数に応じた追熟温度スケジュールがあり，その温度スケジュールに従って追熟加工されるが，実際の加工現場ではバナナの着色具合などの状況に応じて温度を手動で調節しているのが現状である．いまだに追熟加工は経験や勘が重要な役割を果たしている．

8.2　追熟の制御因子

　バナナの追熟制御はバナナの熟度の制御であるといえる．したがって，バナナ

表8.1　バナナ追熟加工の基本温度スケジュール

追熟加工温度（℃）				
1日目	2日目	3日目	4日目	5日目
20	18	17.5	16	15

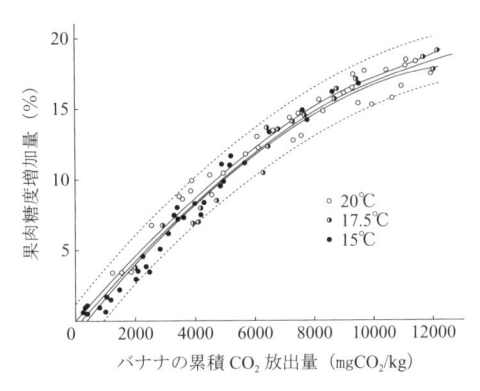

図 8.1 バナナの累積 CO_2 放出量と果肉糖度増加量

の熟度の指標となりうる因子を決め，その因子の制御により追熟加工の制御が行えることになる．

図 8.1 は，追熟加工を 15, 17.5, 20℃の一定温度下で行ったとき，追熟中にバナナが呼吸作用により放出する炭酸ガスの累積量（累積 CO_2 放出量）とバナナの果肉糖度増加量との関係を示したものである．追熟温度に関係なく，累積 CO_2 放出量とバナナの果肉糖度増加量には高い相関関係があり，累積 CO_2 放出量から糖度を推定できることを示している．バナナの甘さは糖度であり，その意味で糖度はバナナの熟度の指標になりうる因子である．その糖度と高い相関がある累積 CO_2 放出量も，したがって，バナナの熟度指標の因子となりうる．累積 CO_2 放出量は追熟温度により制御可能なことから，追熟制御因子として最適である．累積 CO_2 放出量を制御するということは，バナナの糖度を制御することであり，したがってバナナの熟度を制御するという考え方である．

8.3 追熟制御の方法

追熟加工でのバナナの目標糖度は季節によって変わるが，標準的には 15~16Brix%位と考えられる[注]．追熟加工前のバナナの糖度は平均 3.5%程度であるので，追熟中の糖度増加は 12.0%前後となる．図 8.1 から，この糖度増加に対応する累積 CO_2 放出量は約 $6000mgCO_2/kg$ であることが読み取れる．したがって，累積 CO_2 放出量が $6000mgCO_2/kg$ が得られるような追熟温度スケジュールを作ることがまず必要である．

注：Brix%は可溶性固形物の割合を表す．ここでは屈折糖度計で測った糖度であることを示す．

追熟温度はバナナの品質を考慮して，追熟初期は高くして追熟進行にともない温度を低くしていく．しかし，低温障害を避けるため14℃未満の温度にはしない．5日間の追熟加工で累積CO_2放出量約6000mgCO_2/kgに対応した追熟温度スケジュールとして表8.1が考えられる．このプログラムは，後述するように，あくまでも累積CO_2放出量を制御するための基本温度であって，実際の追熟温度は目標とする累積CO_2放出量に追従するようこの基本温度を修正することにより設定される．

8.4 ファジィ制御規則の設計

ファジィ制御を実際に適用するとき，最初に問題になるのはファジィ制御規則をどのように作るかということである．

図8.2のように応答すると予想される1入力・1出力のファジィ制御器設計の場合，前件部変数として出力の偏差Eと1サンプリング時間におけるEの変化分ΔE，後件部変数として操作量の変化分ΔUを考える．

時刻nにおける出力をY_n，偏差E_n，操作量をU_n，設定量をRとすると，

$$\Delta E = E_n - E_{n-1}$$
$$= (R - Y_n) - (R - Y_{n-1})$$
$$= Y_{n-1} - Y_n \tag{8.1}$$
$$\Delta U = U_n - U_{n-1} \tag{8.2}$$

である．

まず，各フェイズの特徴的な点を選び，そこで何をすべきかを考える．ファジィ制御規則の前件部は特徴点のあいまいな記述になる．たとえば，1サイクル目のフェイズIのa_1の付近では，偏差（設定値－出力）は正で大きく，出力はほとんど立ち上がっていないので，ΔEはゼロに近い．これはE=PB and ΔE=ZO

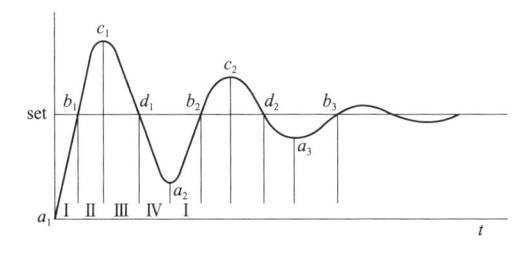

図**8.2** プラント出力の時間応答（菅野，1991）

と，ファジィ変数の値を用いて記述できる．この付近では当然，操作量を一番大きく，ΔU=PB だけ増やすべきである．同様にして，フェイズ II の点 b_1，III の点 c_1，IV の点 d_1 などの付近に着目して，制御規則をつくるとつぎのようになる．

a_1: if E=PB and ΔE=ZO then ΔU=PB
b_1: if E=ZO and ΔE=NB then ΔU=NB
c_1: if E=NB and ΔE=ZO then ΔU=NB
d_1: if E=ZO and ΔE=PB then ΔU=PB

2 サイクル目の a_2，b_2 などの点の付近は a_1,b_1 と比べて E あるいは ΔE の絶対値が相対的に小さくなっているだけだから，それに応じて ΔU の値も小さくすればよく，たとえば

a_2: if E=PM and ΔE=ZO then ΔU=PM
b_2: if E=ZO and ΔE=NM then ΔU=NM

とすればよい．

表 8.2 にこうして作った 13 個の規則を表したものである．縦の列は E の値，横の行は ΔE の値，表の中は ΔU の値を示している（ファジィ変数 NB=negative big, NM=negative medium, NS=negative small, ZO=zero, PS=positive small, PM=positive

表 8.2 制御規則表（菅野，1991）

| | | \multicolumn{7}{c}{ΔE} |
		NB	NM	NS	ZO	PS	PM	PB
	NB				NB			
	NM				NM			
	NS				NS			
E	ZO	NB	NM	NS	ZO	PS	PM	PB
	PS				PS			
	PM				PM			
	PB				PB			

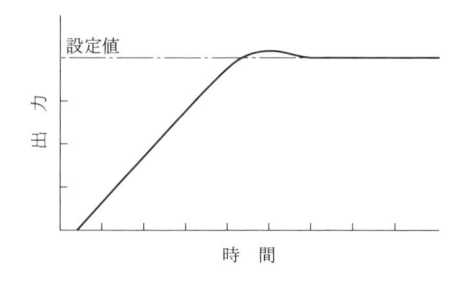

図 8.3 ファジィ制御の結果（菅野，1991）

medium，PB=positive big を意味する）．

このファジィ制御器（制御規則）で制御した結果を図 8.3 に示す．この例でわかるように，ファジィ制御は目に見える具体的な状況で何をすればよいかというアルゴリズムから成り立っているので，ファジィ制御器の能力の改善もしやすい面をもっている．

8.5　バナナ追熟加工のファジィ制御

バナナの追熟加工における累積 CO_2 放出量制御にファジィ制御を適用するために上述の考え方に従い制御規則をつくってみる．

a. 前件部

前件部変数は累積 CO_2 放出量の目標値と計測値の偏差 E_n，その偏差の変化分 ΔE_n，CO_2 濃度 CONC の 3 変数である．

図 8.4 に累積 CO_2 放出量の目標値，計測値およびその偏差の関係を示す．この図で目標値とは，表 8.1 の温度スケジュールから随時計算される累積 CO_2 放出量値である．計測値は追熟中の CO_2 濃度値から算出される実測累積 CO_2 放出量値である．時刻 n における目標値，計測値をそれぞれ R_n, Y_n とおくと，

$$E_n = R_n - Y_n \tag{8.3}$$

$$\Delta E_n = (R_n - Y_n) - (R_{n-1} - Y_{n-1}) \tag{8.4}$$

ここで，添字 $n-1$ は n の 1 つ前のサンプリング時刻を表している．ΔE_n は時刻 $n-1$ から時刻 n までの間の偏差の変化分を表す．実際の制御ではサンプリング間隔は 5 分である．バナナの CO_2 放出速度は"むろ"内の CO_2 濃度に左右され，CA（controlled atmosphere）効果があることを考慮して，制御の精度を向上させる

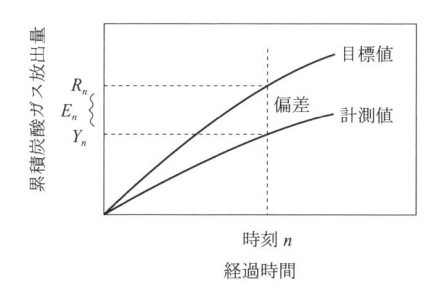

図 8.4　累積 CO_2 放出量制御における目標値，計測値，偏差の関係

目的で CO_2 濃度 CONC が前件部に加わった．

b. 後 件 部

後件部変数は設定温度の表 8.1 の基本温度との差の変化分 ΔU_n である．時刻 n における追熟温度（設定温度）と基本温度の差を U_n とすると，ΔU_n は次式で表される．

$$\Delta U_n = U_n - U_{n-1} \tag{8.5}$$

c. ファジィ変数のメンバーシップ関数

E_n, ΔE_n, ΔU_n のメンバーシップ関数は連続型で，三角型とした．CONC のメンバーシップ関数は図 8.5 に示した．

d. 変数台集合の規格化

ファジィ推論ではファジィ変数の台集合を $-1 \sim +1$ に規格化するのが一般的であり，どの範囲で規格化するかが推論部の設計に関して重要なパラメータとなる．ここでは，E_n を $-300 \sim +300$（$mgCO_2/kg$），ΔE_n を $-18 \sim +18$（mg CO_2/kg/サンプリング時間），ΔU_n を $-0.15 \sim +0.15$（℃）の範囲で規格化している．

e. ファジィ制御規則

上述の前件部，後件部変数から制御規則は以下のように表される．

if E_n is A_{i1} and ΔE_n is A_{i2} and CONC is A_{i3} then ΔU_n is B_i ($i=1\sim m$)

表 8.3 は，追熟実験を重ねその経験と試行錯誤から決定されたバナナ追熟加工

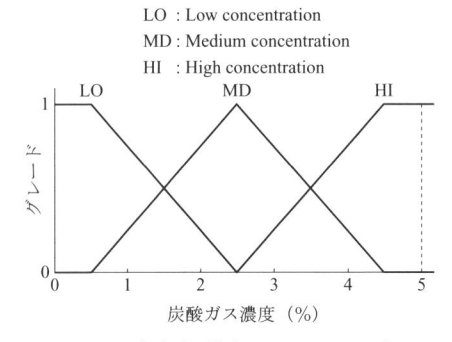

図 8.5 炭酸ガス濃度のメンバーシップ

表 8.3 バナナ追熟加工のための制御規則表

炭酸ガス濃度 LO

		ΔE_n						
		NB	NM	NS	ZO	PS	PM	PB
E_n	NB			NM	NB			
	NM				NM			
	NS				NS			
	ZO	NM	NS	ZO	PS	PS	PM	PM
	PS				PS			
	PM				PS			
	PB			PS	PM			

炭酸ガス濃度 MD

		ΔE_n						
		NB	NM	NS	ZO	PS	PM	PB
E_n	NB				NB			
	NM				NM			
	NS				NS			
	ZO	NB	NM	NS	ZO	PS	PS	PM
	PS				PS			
	PM				PS			
	PB				PM			

炭酸ガス濃度 HI

		ΔE_n						
		NB	NM	NS	ZO	PS	PM	PB
E_n	NB				NB	NM		
	NM				NM			
	NS				NS			
	ZO	NB	NM	NS	NS	ZO	PS	PS
	PS				PS			
	PM				PS			
	PB				PM	PS		

制御のための制御規則である．CO_2 濃度 MD の制御規則を見ればわかるように，表 8.2 の制御規則とほぼ同じであり，基本的には同様の考え方に基づいてつくられている．他の 2 つの制御規則は，この CO_2 濃度 MD の制御規則をもとに，CO_2 濃度を考慮して制御を修正したものである．点線で囲んだところは，追熟が進みすぎた場合あるいは遅れすぎた場合のために設定されている．この制御規則に従って推論を行い，min・max 重心法により ΔU_n を算出し追熟温度制御がされることによって累積 CO_2 放出量が制御される．

この制御規則以外に，CO_2 の CA 効果を制御に取り込むために "むろ" の換気に関する下記の制御を加え制御に効果を上げている．

「E_n＜(50mg CO_2/kg)かつ CONC＞7(％)ならば，換気を行わない」

この規則に従うと，CO_2 濃度が 5～7% のときには，E_n が 50mg CO_2/kg に達するまで換気が実行されないため，追熟が進みすぎているときには CA 効果によって累積 CO_2 放出量の抑制を行うことができる．

このファジィ制御規則で表 8.1 のバナナ追熟加工を制御した結果，目標とする累積 CO_2 放出量 6000mg CO_2/kg に対して 100mg CO_2/kg 以内の差で累積 CO_2 放出量が確実に制御できることが確かめられている． 〔瀬尾康久〕

文　　献

1) 天野辰哉，他：農業機械学会誌，55(3), 133, 1993.
2) 菅野道夫：ファジィ制御，日刊工業新聞，91, 1991.
3) 瀬尾康久，細川　明：農業機械学会誌，45(2), 229, 1983.

演習問題解答

問 2.1

(1) $\mathcal{L}[t] = \left[-\dfrac{1}{s}te^{-st}\right]_0^\infty + \dfrac{1}{s}\int_0^\infty e^{-st}dt = 0 + \dfrac{1}{s}\left(-\dfrac{1}{s}\right)\left[e^{-st}\right]_0^\infty = \dfrac{1}{s^2}$

(2) $\mathcal{L}[\sin\omega t] = \mathcal{L}\left[\dfrac{e^{j\omega t}-e^{-j\omega t}}{2j}\right] = \dfrac{1}{2j}\left(\dfrac{1}{s-j\omega}-\dfrac{1}{s+j\omega}\right) = \dfrac{\omega}{s^2+\omega^2}$

(3) $\mathcal{L}[1-e^{-3t}] = \mathcal{L}[u(t)] - L[e^{-3t}] = \dfrac{1}{s} - \dfrac{1}{s+3} = \dfrac{3}{s(s+3)}$

(4) $\mathcal{L}[e^{-2t}\sin\omega t] = \left[\dfrac{e^{-(2-j\omega)t}-e^{-(2+j\omega)t}}{2j}\right] = \dfrac{1}{2j}\left(\dfrac{1}{s+2-j\omega}-\dfrac{1}{s+2+j\omega}\right)$

$\qquad = \dfrac{\omega}{(s+2)^2+\omega^2}$

問 2.2

(1) $\mathcal{L}^{-1}\left[\dfrac{5}{(2s+1)(s+3)}\right] = \mathcal{L}^{-1}\left[\dfrac{2}{2s+1}-\dfrac{1}{s+3}\right] = e^{-\frac{1}{2}t} - e^{-3t}$

(2) $\mathcal{L}^{-1}\left[\dfrac{3s+17}{(s+5)(s+6)}\right] = \mathcal{L}^{-1}\left[\dfrac{2}{s+5}+\dfrac{1}{s+6}\right] = 2e^{-5t} + e^{-6t}$

(3) $\mathcal{L}^{-1}\left[\dfrac{2}{s(s+1)(s+2)}\right] = \mathcal{L}^{-1}\left[\dfrac{1}{s}-\dfrac{2}{s+1}+\dfrac{1}{s+2}\right] = 1 - 2e^{-t} + e^{-2t}$

(4) $(s+1)^2(s+3) = 0$ の根は

$$s_1 = -1, \qquad s_2 = -1, \qquad s_3 = -3$$

であり，$s=-1$ が 2 重根になっている．$F(s)$ を部分分数に展開すると，

$$F(s) = \dfrac{C_{11}}{s+1} + \dfrac{C_{12}}{(s+1)^2} + \dfrac{C_3}{s+3}$$

ここに，

$$C_{11} = \dfrac{1}{1!}\lim_{s\to -1}\dfrac{d}{ds}\{(s+1)^2 F(s)\} = \lim_{s\to -1}\dfrac{d}{ds}\left(\dfrac{4}{s+3}\right) = \lim_{s\to -1}\dfrac{-4}{(s+3)^2} = -1$$

$$C_{12} = \dfrac{1}{0!}\lim_{s\to -1}(s+1)^2 F(s) = \lim_{s\to -1}\dfrac{4}{s+3} = 2$$

$$C_3 = \lim_{s\to -3}(s+3)F(s) = \lim_{s\to -3}\dfrac{4}{(s+1)^2} = 1$$

したがって，

$$\mathcal{L}^{-1}\left[\dfrac{4}{(s+1)^2(s+3)}\right] = \mathcal{L}^{-1}\left[-\dfrac{1}{s+1}+\dfrac{2}{(s+1)^2}+\dfrac{1}{s+3}\right]$$

$$= -e^{-t} + 2te^{-t} + e^{-3t}$$

問 2.3

$\mathcal{L}[f_0(t)] = F_0(s)$ とすると，

$$f(t) = f_0(t) + f_0(t-T) + f_0(t-2T) + \cdots$$

であるから
$$\mathscr{L}[f(t)] = F_0(s)(1 + e^{-Ts} + e^{-2Ts} + \cdots) = \frac{F_0(s)}{1 - e^{-Ts}}$$

問 2.4
$$G(s) = \frac{C(s)}{R(s)} = \frac{1}{ms^2 + cs + k}$$

問 2.5
$$G(s) = \frac{C(s)}{R(s)} = \frac{3}{s^2 + 4s + 3} = \frac{3}{(s+1)(s+3)}$$

であるからステップ応答は
$$y(t) = \mathscr{L}^{-1}\left[\frac{3}{(s+1)(s+3)} \cdot \frac{1}{s}\right] = \mathscr{L}^{-1}\left[\frac{1}{s} - \frac{3}{2(s+1)} + \frac{1}{2(s+3)}\right]$$
$$= 1 - \frac{3}{2}e^{-t} + \frac{1}{2}e^{-3t}$$

問 2.6

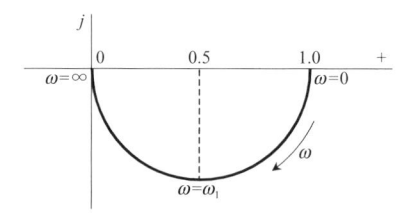

問 2.7

(1) 特性方程式は，$\dfrac{1}{s^2+s-3}+1=0$，すなわち $s^2+s-2=0$，解は $\lambda=1,-2$ となり，解の1つが正であるから制御系は不安定．

(2) 特性方程式は，$\dfrac{10}{s(s^2+2s+5)}+1=0$，すなわち $s^3+2s^2+5s+10=0$，解は，$\lambda=-2,\ \pm\sqrt{5}j$ となり，安定限界．

問 2.8
$$G(j\omega) = \frac{K}{-j\omega^3 - 4\omega^2 + 4j\omega} = K\frac{-4\omega + j(\omega^2 - 4)}{\omega(\omega^2 + 4)^2} \quad \text{より，}$$

$$|G(j\omega)| = \frac{K}{\omega(\omega^2+4)}, \quad \angle G(j\omega) = \angle(-4\omega + j(\omega^2-4))$$

$\omega \to 0$ のとき，$\mathrm{Re}(G(j\omega)) \to -\dfrac{K}{4}$，$\mathrm{Im}(G(j\omega)) \to -\infty$

$\omega \to \infty$ のとき，$\mathrm{Re}(G(j\omega)) \to 0$，$\mathrm{Im}(G(j\omega)) \to 0$，$\angle G(j\omega) \to 90°$

また，$\omega=2$ のとき，$\mathrm{Im}(G(j\omega))=0$ となり，このとき，$\mathrm{Re}(G(j\omega))=-\dfrac{K}{16}$

これよりナイキスト線図を描くと図のようになり，$K<16$ で安定．

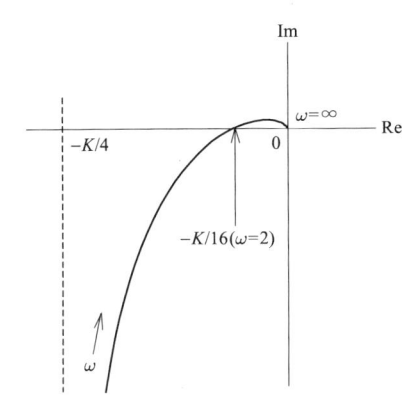

問 2.9 式(2.76)より単位ステップ応答に対する定常偏差 ε は，$\varepsilon = \dfrac{1}{1+G(0)}$ となる．
$G(0) = \dfrac{K}{6}$ であるから，$\varepsilon = \dfrac{6}{K+6}$，したがって K が大きくなると ε は小さくなる．

問 2.10 この場合の偏差 $E(s)$ は，
$$E(s) = X(s) - Y(s) = \left\{1 - \dfrac{G(s)}{1+G(s)}\right\}\dfrac{1}{s^2} = \dfrac{1}{s^2} \cdot \dfrac{s(s+2)}{s(s+2)+1}$$

最終値定理により，定常速度偏差 ε_v は，
$$\varepsilon_v = \lim_{s \to 0}[sE(s)] = \lim_{s \to 0}\left[\dfrac{s+2}{s(s+2)+1}\right] = 2$$

問 2.11 図の回路で入力電圧を $x(t)$，出力電圧を $y(t)$，回路に流れる電流を $i(t)$ とする．ここで，出力側に電流は流れず，電流はすべて入力から GND に流れるものとすると，次の二式が成立する．
$$x - y = iR_1, \qquad y = iR_2 + \dfrac{1}{C}\int i\, dt$$

$t=0$ において，$i=0, y=0$ として両式をラプラス変換すると，
$$X(s) - Y(s) = I(s)R_1, \qquad Y(s) = I(s)R_2 + \dfrac{1}{Cs}I(s)$$

$I(s)$ を消去して，$X(s)$ と $Y(s)$ の関係を求めると，
$$Y(s) = \dfrac{1+CR_2 s}{1+C(R_1+R_2)s}X(s)$$

となり，式(2.81)，(2.82) に一致する．

問 2.12 むだ時間 $T_L=3$，応答曲線の傾き $R=2/5$ であるから，表 2.5 より，
$$K_P = 1, \qquad T_I = 6, \qquad T_D = 1.5$$

問 2.13
$$F(z) = 0 + 1z^{-1} + 2z^{-2} + 3z^{-3} + \cdots = z^{-1}U(z) + z^{-2}U(z) + \cdots$$
$$= (z^{-1} + z^{-2} + \cdots)U(z) = (U(z) - 1)U(z)$$
$$= \left(\frac{1}{1-z^{-1}} - 1\right)\frac{1}{1-z^{-1}} = \frac{z^{-1}}{(1-z^{-1})^2}$$

問 2.14 積分要素の伝達関数は $1/s$ であるから，ホールド付伝達関数 $G(s)$ は
$$G(s) = \frac{1-e^{-\tau s}}{s}\frac{1}{s}$$
これに対応するホールド付パルス伝達関数 $G(z)$ は表 2.6 より，
$$G(z) = (1-z^{-1})\frac{\tau z^{-1}}{(1-z^{-1})^2} = \frac{\tau}{z-1},$$
入力を $x(k)$, 出力を $y(k)$ とすると，
$$Y(z) = \frac{\tau}{z-1}X(x)$$
これより，$(z-1)Y(z) = \tau X(z)$,
これを逆 z 変換して，
$$y(k+1) = y(k) + \tau x(k)$$

問 3.1 左に約 $15°$

問 3.2 0.46

問 3.3 $\Delta W_{l,ij} = -\eta \cdot \delta_{l,j} \cdot y_{l,i}$

問 3.4 排他的論理和

問 3.5 0.6108

問 4.1 電流計単体では測定できるのは 500μA である．電流計および電流計と並列に接続される分流器とで 500mA を流すので，分流器には 499.5mA の電流を流す必要がある．500μA 流れたときの電流計の両端の電圧は $E=I\cdot R=0.5\times10^{-3}(A)\times250(\Omega)=0.125(V)$ となり，分流器にかかる電圧もこれと同じである．したがって，$R=E/I=0.125(V)/0.4995(A)=0.250250\cdots$ となり，$R=0.25(\Omega)$ を並列に接続すればよい．

問 4.2 問 4.1 を用いると，電流計の両端の電圧は 0.125(V)，15V まで測定するためには，電流計に直列に接続する倍率器で 14.875(V) の電圧降下があればよい．流れる電流は 500μA なので，$R=E/I=14.875(V)/0.5\times10^{-3}(A)$ より $R=29.75$kΩ となる．

問 4.3 反転増幅器の増幅度は $A_{NF}=R_f/R_s$ で求められる．今，$R_s=10$kΩ なので，$R_f=R_s\cdot A_{NF}=10(k\Omega)\times15=150(k\Omega)$ となる．

問 4.4 非反転増幅器の増幅度は $A_{NF}=1+R_f/R_s$ で求められる．今，$R_s=1$kΩ なので，$R_f=R_s\cdot(A_{NF}-1)=1(k\Omega)\times32=32(k\Omega)$ となる．

問 4.5 標準型 TTL(電源電圧=5V) の L 出力は $V_{OL}=0.4$V である．LED の $V_F=2$V としても，5V との間には 2.6V 残る．この電圧は抵抗による電圧降下で下げればよい．抵抗値は，$R=E/I=2.6(V)/10\times10^{-3}(A)$ より $R=260\Omega$ となるが，E-24 系列で近い値を選ぶと 270Ω となる．接続は，5V ライン→抵抗→LED→TTL の順に接続する．

演習問題解答

問 4.6 "・"は論理積,"＋"は論理和の演算記号である.TTL を用いるとすれば,この演算は 2 入力の NAND ゲートだけで構成でき,以下のような回路になる.

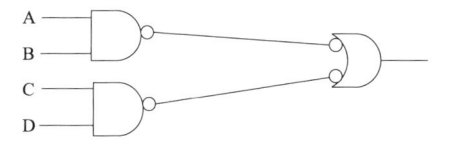

```
A ─┐
   ├─[NAND]─┐
B ─┘        ├─[NAND]──
C ─┐        │
   ├─[NAND]─┘
D ─┘
```

問 5.1

$$R_\alpha = \begin{bmatrix} 1 & 0 & 0 & 0 \\ 0 & \cos\alpha & \sin\alpha & 0 \\ 0 & -\sin\alpha & \cos\alpha & 0 \\ 0 & 0 & 0 & 1 \end{bmatrix} \quad R_\beta = \begin{bmatrix} \cos\beta & 0 & -\sin\beta & 0 \\ 0 & 1 & 0 & 0 \\ \sin\beta & 0 & \cos\beta & 0 \\ 0 & 0 & 0 & 1 \end{bmatrix}$$

$$R_\theta = \begin{bmatrix} \cos\theta & \sin\theta & 0 & 0 \\ -\sin\theta & \cos\theta & 0 & 0 \\ 0 & 0 & 1 & 0 \\ 0 & 0 & 0 & 1 \end{bmatrix}$$

$$R = R_\alpha R_\beta R_\theta = \begin{bmatrix} \cos\beta\cos\theta & \cos\beta\sin\theta & -\sin\beta & 0 \\ \sin\alpha\sin\beta\cos\theta - \cos\alpha\sin\theta & \sin\alpha\sin\beta\sin\theta + \cos\alpha\cos\theta & \sin\alpha\cos\beta & 0 \\ \cos\alpha\sin\beta\cos\theta + \sin\alpha\sin\theta & \cos\alpha\sin\beta\sin\theta - \sin\alpha\cos\theta & \cos\alpha\cos\beta & 0 \\ 0 & 0 & 0 & 1 \end{bmatrix}$$

問 5.2

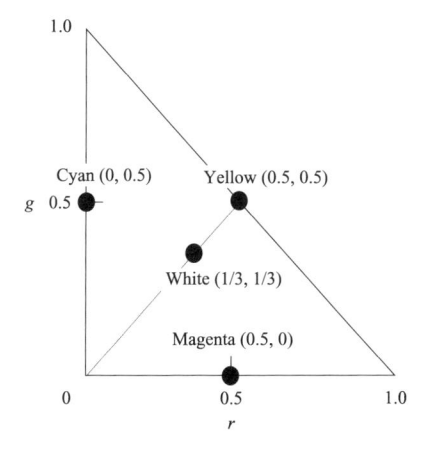

```
      1.0
       │\
       │ \
       │  \
  Cyan (0, 0.5)   Yellow (0.5, 0.5)
  g  0.5 ●─────────●
       │    ╲    ╱ ╲
       │     White (1/3, 1/3)
       │      ╲  ╱     ╲
       │   Magenta (0.5, 0)
       │        ●        ╲
       └────────┴─────────
       0       0.5       1.0
                r
```

問 5.3 濃度ヒストグラムの均一化処理は,原画像の濃度ヒストグラムの階級頻度を f_i ($i = 1, 2, ..., N$) としたとき,目標ヒストグラムの階級頻度 g_j ($j = 1, 2, \cdots, N$) が一定値になるよう処理する.

$$g_j = \frac{\sum_{i=1}^{N} f_i}{N}$$

均一化アルゴリズムは，原画像の最小濃度から順次濃度頻度を加算していき，目標値 $\dfrac{\sum_{i=1}^{N} f_i}{N}$ に近い値になったら，その頻度を g_j に格納していく．すなわち，原画像濃度ヒストグラム f_j の累積頻度をもとに離散的に g_j は決定されるので，g_j が一定値になることはまれである．

問 5.4

$$\theta = -\tan^{-1}\left(\frac{1}{a}\right) \qquad \rho = \frac{b}{\sqrt{a^2+1}}$$

$y = -2x + 1$ の標準形は，

$$x\cos(0.464) + y\sin(0.464) = \frac{1}{\sqrt{5}}$$

問 5.5 分類精度を表現する方法に判別効率表がある．判別効率表は下記のように，正しいクラスである参照クラスとクラスタリングによって決まった分類クラスを行と列にもつ表であり，分類された画素数もしくは確率が要素となる．判別効率表から求められる精度指標として，平均精度と総合精度がある．

		分類クラス			画素数
		A	B	C	
参照クラス	A	c_{11}	c_{21}	c_{31}	n_1
	B	c_{12}	c_{22}	c_{32}	n_2
	C	c_{13}	c_{23}	c_{33}	n_3

なお，c_{ij} ($1 \leq i, j \leq 3$) は各クラスの画素数，$n_i = \sum_{j}^{3} c_{ji}$ とする．

$$\text{平均精度} = \frac{1}{3} \times \sum_{i=1}^{3} \left(\frac{c_{ii}}{n_i}\right) \times 100 \quad [\%]$$

$$\text{総合精度} = \frac{1}{\sum_{i=1}^{3} n_i} \sum_{i=1}^{3} c_{ii} \times 100 \quad [\%]$$

問 6.1 例

近代的なコンピュータの原型は，1946 年 ENIAC と呼ばれる米ペンシルバニア大学で開発された真空管式の電子演算装置が最初といわれており，この後フォン・ノイマン(J. von Neumann)によって提唱されたプログラム記憶方式による演算装置が，プリンストン大学で製作され，現代のコンピュータの礎になったとされている．

その後，コンピュータは半導体技術の急速な発展により，心臓部である CPU（中央演算処理装置）がマイクロチップ化され，この CPU を用いて構成されたコンピュータはマイクロコンピュータと呼ばれ，1970 年代に登場した．

問 6.2 例

エアコン： 温度や湿度をセンサで常に検出しながら，マイクロコンピュータによって吹き出し風量やヒートポンプの出力を連続的に調節して，快適な温度を維持している．

自動車： スロットル開度，エンジン回転数，冷却水温や吸気温等によって，エンジンの最適な混合比を得るために，マイクロコンピュータによるエンジン制御が行われている．特に，排気ガス規制に伴い，きめの細かい制御の必要性から採用が増加した．

問 6.3 例
　ハードウエア割込みには，一定時間ごとにある処理を行うタイマー割込み，複数のタスクを実行するタイムシェアリング処理のような時分割割込み，キーボードやマウスなどの入力装置からの外部割込みなどがある．ソフトウエア割込みは，プログラム実行中にエラーを発見したときに発生させたり，アプリケーションプログラムが，OS の機能を利用するスーパバイザコールで発生させたりするような，ある条件が発生すると割込み処理プログラムに飛ぶ割込みである．

問 6.4 排他的論理和（Exclusive OR）

問 6.5 除算は乗算と同じような考え方で,被除数から除数が何回引けるかを数えればよいのだが，乗算と同様に時間がかかってしまう．そこで，除数をシフトしたデータを用意して，被除数から引き算をし，引き算ができた桁に"1"をたてていくことにより，速く処理をすることができる．たとえば，7÷3 は 7 である"0111"から 3 である除数"0011"を最大 3 桁左シフトした"0001 1000"を引くと引けないので 4 桁目は 0，すなわち"0XXX"，次に 2 桁シフトした"0000 1100"を引くとこれも引けないので 3 桁目は 0,すなわち"00XX"となる．さらに 1 桁シフトした"0110"を引くとこれは引けるので 2 桁目は 1，すなわち"001X"，最後に 7−6 すなわち 1 から 3 は引けないので，1 桁目は 0 となり，"0010"すなわち 3 が商で，余りが 1 となる．このように除算は 1 桁ごとに比較判定をともなうため，乗算よりもさらに時間がかかる処理となる．

問 6.6 NPN トランジスタにはコレクターエミッタ間に電位障壁が約 0.7V あるため，この電圧以下の電圧では，電流を流すことができない．したがってバッファアンプの損失電圧を 0.7V として計算すると，（5V−2V−0.7V）/10mA=230Ω となる．

問 6.7 このセンサから 0.1℃の分解能を得るためには 1mV の変換ができなければならない．本 A/D 変換器の電圧分解能は $5V/(2^{12}-1)=1.22mV$．したがって，0.1℃の分解能を得ることはできない．これはセンサを直接接続した場合であるが，アンプを利用して温度センサの出力を大きくしたり，またアンプを接続しなくても基準電圧 V_{ref} を変えて，フルスケールを調節（フルスケールを 4.095V とする）したりすることにより，対応することも可能となる．ただし，測定できる範囲が狭くなる．

問 6.8 "wait_push"関数はボタンが押されるまで待機するプログラムであるので，基本的にチャタリングに対する考慮は必要ないが，チャタリング時間内に再度本関数がコールされる場合は考慮する必要がある．復帰前に delay を入れるとよい．
コーディング例
```
void wait_push(void)
{
    int temp;
    do{
        temp=porta;
    }while((temp&0x03)==0x03);
}
```

問 7.1

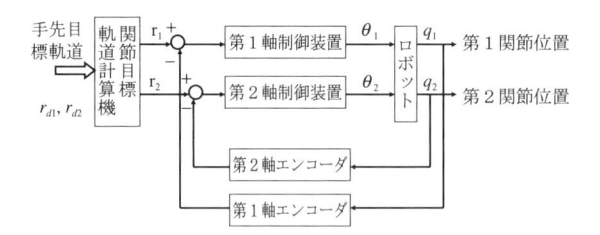

問 7.2

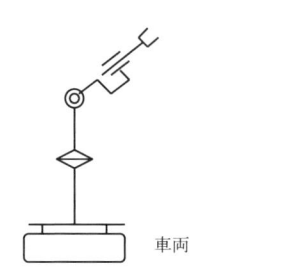

問 7.3

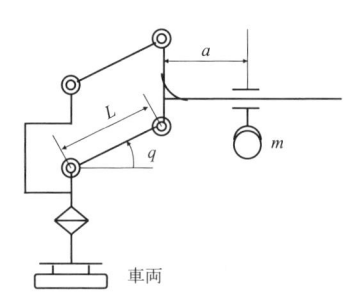

問 7.4　持ち上げトルクは長さ a に無関係で　$T = mgL\cos q$　[Nm]
ただし　m：スイカの質量，g：重力加速度，L：平行四辺形の腕の長さ

問 7.5　例題 7.1 では，持ち上げトルク $T = mgq_2\cos q_1$ [Nm] となる．3m 先の $m$kg のスイカを持ち上げるためには $q_2\cos q_1 = 3$[m] となり，$3mg$ [Nm] のトルクが必要であるが，問 7.4 の場合は $L=1$m の場合持ち上げトルクは最大 mg[Nm] で，1/3 のトルクで持ち上げが可能.

索　引

ア　行

あいまい性表現　46
アクティブ・フィルタ　71
アセンブリ言語　111
アドレス　99
安定　24

位相　19
位相遅れ補償　30
位相進み補償　30
一次遅れ要素　12
一巡伝達関数　13
遺伝子座　54
遺伝的アルゴリズム　52
意味ネットワーク　46
インタプリンタ言語　112
インテリジェンス　121,123,127
インピーダンス　63

運動学問題　127,129

エイリアシング　109
エキスパートシステム　137
エチレン　137
円筒座標形　122

鳳–テブナンの定理　61
遅れ時間　29
オペコード　101
オペランド　101
オペレータ　87
重み抵抗型　108

カ　行

階層型ネットワーク　52
回転関節　122,127
外乱　5,56
学習係数　53
確信値　47
拡張カルマンフィルタ　52
加算器　102

画像処理　80
画像認識　94
画像の幾何学　81
過度応答　14
過度特性　29
可変容量ダイオード　65
カメラパラメータ　83
感応電流　78
干渉系　55
慣性係数　53
慣性項　53
ガンマ変換　86

機械語　111
幾何キャリブレーション　81
規格化　142
聞き取り調査　48
記号定数　113
基準入力　5
逆運動学問題　127,128
逆起電力　60
逆システム　54
逆フーリエ変換　90
教師データ　52
共振角周波数　21
共振値　21
極　24
極座標形　122
局所オペレータ　92
局所解　55
許容温度　68
許容損失　67
キルヒホッフの法則　60
均一化処理　87

空間フィルタリング　87
空乏層　65
クラスタ　94
クラスタリング　94
クリスプ　46
グレード　43
クロックパルス　99
群管理システム　123,132

ゲイン　19
ゲイン定数　15
ゲイン補償　30
限界感度法　33
言語的な表現　44
検出部　5
減衰係数　16

後件部　44
後件部変数　139
構造化プログラミング　112
光波距離計　124,135
降伏電圧　65
呼吸作用　138
コーディング　54
コントラスト変換関数　85
コンパイラ言語　112
コンバイン　116

サ　行

差動増幅器　69
差動入力　110
作動領域　122
座標変換　126
3次元画像処理　95
3次元計測法　95
算術演算回路　102
サンプリング周期　35
サンプル値　35

時間応答　14
しきい値　50,72,91
色彩理論　84
色度　84
色度座標　84
磁気誘導作用　59
システム　5
実効値　63
実効電力　64
時定数　15
自動制御　5
シナプス荷重　51
シナプス結合　51

車両座標　126
重心法　46
修正量　53
自由度　127
周波数応答　18
周波数伝達関数　19
重量果実収穫ハンド　134
16進数　72
熟度の指標　138
述語論理式　46
出力層　52
手動制御　5
シュミットトリガ　106
冗長自由度　134
自律走行　123,124,135
シングルエンド入力　110
神経細胞　51
人工神経回路網　50
振幅減衰比　29

垂直多関節形　122,132
水平多関節形　122,134
スタック　102
スタックポインタ　101
ステップ応答　14
ステップ応答法　34
ステレオビジョン　83
スペクトラム画像　89
スレッショルド　105

正帰還　23
制御　5
制御器　55
制御偏差　5
制御量　5
整定時間　29
静電誘導作用　59
静電容量　61
正論理　72
赤外線センサ　123
積分要素　11
接触熱抵抗　68
折点角周波数　20
鮮鋭化　85
鮮鋭化フィルタ　88
全加算器　102
前件部　44
前件部変数　139
センス　121,123

操作量　46,131,139
総和関数　51

タ行

ダイオード　64
台集合　142
田植機　116
立ち上がり時間　29
単位ステップ関数　7

チェビシェフ型　72
逐次比較型　110
知識ベース　47
地磁気方位センサ　125
チャタリング　105
中間層　52
超音波センサ　123
直動関節　122,127
直流電流増幅率　66
直列共振　64
直角座標形　122

追熟温度スケジュール　139
追熟制御　137
ツェナー現象　65

ディジタル画像　80
定常応答　15
定常偏差　28
適合度計算　55
デシベル　19
データ型　113
デューティー比　56
電圧源　61
電界効果トランジスタ　67
展開定理　9
電磁誘導　60
伝達関数　11
伝票要素　10
電流源　61

同相成分　70
淘汰　55
動的システム　6
糖度　138
特殊化学習機構　54
特性方程式　25
特徴空間　94
特徴量　94

突然変異　55
ドップラレーダ速度計　125
トラクタ　116

ナ行

ナイキスト安定判別法　27
ナイキスト線図　19

二次遅れ要素　12
二重積分型　110
2進化10進数　72
2進数　72
二値化処理　90
ニーモニック　101
入力層　52
ニューラルネットワーク　94
認識　94

ネガティブ・エッジ　76

濃淡画像処理　85
濃度値　81
濃度ヒストグラム変換　87

ハ行

排他的論理和　74
バイポーラ　109
バス　99
バタワース型　72
パッシブ・フィルタ　71
バッファアンプ　107
バナナ追熟加工　137
ハフ変換　92,126
パルス伝達関数　39
半加算器　102
反転増幅器　69
判別分析法　91

比較回路　69
光ファイバ・ジャイロ　125
非減衰固有角周波数　16
ビジョンセンサ　80
皮相電力　64
ビット　99
否定　72
ヒートシンク　67
非反転増幅器　69
非ファジィ化　46

索引

微分フィルタ　88
微分要素　12
表色系　84
標本化　109
ビルディングブロック　55
比例要素　11

ファジィ集合　43
ファジィ推論　43
ファジィ制御　137
ファジィ制御規則　139
ファジィプロダクションルール　44
ファジィ変数　140
不安定　24
フィードバック　131
フィードバック制御　6,22,55
フィードバック制御系　5
フィードフォワード制御　22
フィルタ関数 $H(u,v)$　90
フェッチ　101
フェールセーフ　118
フォトトランジスタ　106
負帰還　23
符号化　109
フラグレジスタ　100
プラント　56
フリップフロップ　75
プリプロセッサ　114
ブール代数　72
フレミングの左手則　59
フレミングの右手則　60
フレーム　46
フレームメモリー　80
プロダクションルール　46
ブロック線図　13
負論理　72
分解能　81,109

平滑化　85
平滑化フィルタ　87
閉ループ系　23
閉ループ伝達関数　23
並列型　108,110
並列共振　64
ベクトル軌跡　19
偏差　55
変則多関節系　134

飽和電圧　78
ポジティブ・エッジ　76
補償器　132
ボディ　121,123
ボード線図　19
ボルテージ・フォロワ　70
ホールド付パルス伝達関数　39

マ 行

マニピュレータ　120,121,122,127
マムダニの定義　45
マンマシンインターフェース　118

右ねじの法則　59

無効電力　64
むだ時間　29
むだ時間要素　12

メカトロニクス　2
メディアンフィルタ　88
メンバーシップ関数　43,142

目標値　5,131

ヤ 行

ヤコビ行列　128

誘導性リアクタンス　63
行き過ぎ量　29
ユークリッド距離　94
ユニット　50
ユニポーラ　109

容量性リアクタンス　64
余弦定理　129

ラ 行

ライブラリ　113
ラダー抵抗型　108
ラプラス逆変換　8
ラプラス変換　6

離散時間系　56
離散フーリエ変換　89
領域分割　90
量子化　109

累積 CO_2 放出量　138

零次ホールド　36

ロジスティック関数　50
ローパスフィルタ　109
ロバーバル機構　134
論理積　72
論理和　72

ワ 行

割込み　101

欧文索引

A/D コンバータ　81
A/D 変換　109
ALU　100
ANSI　112
ARMAX　55

Brix%　138

CA 効果　141
CCD 素子　80
CMY 表色系　84
CO_2 濃度　141
CPU　98
C 言語　112

D/A 変換　108

DFT　89
D ラッチ　76
EX-OR ゲート　74
E 系列　62

GPS　120,124,127

索　　引

I-DFT　90
IF・THEN 形式　43
I/O　98

K-means 法　94

LED　106

min・max 重心法　143

NAND ゲート　74
NOT ゲート　74

NTSC フォーマット　81
N 型半導体　64

PIC　114
PID 制御　33
PN 接合　64
Prewitt オペレータ　89
P 型半導体　64

RAM　98
RGB 表色系　84
RISC　114

Roberts オペレータ　89
ROM　98

Sobel オペレータ　89

T-FF　76
TTL　73
TTL レベル　105

YIQ 表色系　84

z 変換　39

編者略歴

岡本 嗣男（おかもと・つぐお）
　1941年　広島県に生まれる
　1970年　京都大学大学院農学研究科博士課程修了
　　　　　神戸大学助教授，東京大学教授を経て
　現　在　東京大学名誉教授・農学博士

生物生産のための**制御工学**　　　定価はカバーに表示

2003年10月1日　初版第1刷

編集者	岡　本　嗣　男
発行者	朝　倉　邦　造
発行所	株式会社　朝倉書店

東京都新宿区新小川町6-29
郵便番号　162-8707
電話　03（3260）0141
FAX　03（3260）0180
http://www.asakura.co.jp

〈検印省略〉

© 2003〈無断複写・転載を禁ず〉　　壮光舎印刷・渡辺製本

ISBN4-254-44024-3　C3061　　Printed in Japan

日大 瀬尾康久・前東大 岡本嗣男編

農業機械システム学

44020-0 C3061　　A5判 216頁 本体4300円

生産効率と環境調和という視点をもちつつ，コンピュータ制御などの先端技術も解説。〔内容〕緒論／エネルギーと動力システム／トラクタ／耕うんと整地／栽培／管理作業／収穫後調整加工施設／畜産機械と施設／農業機械のメカトロニクス

大阪府大 柴田　浩編著

新版 制御工学の基礎

20105-2 C3050　　A5判 168頁 本体3000円

好評を博した旧版をよりわかりやすく改訂。ディジタル計算機の発展により重要になってきたサンプル値制御系を充実。〔内容〕制御系と伝達関数／伝達関数による解析・制御系設計／状態空間法による解析・制御系の設計／離散時間制御系／他

前東北学院大 竹田　宏・八戸工大 松坂知行・八戸工大 苫米地宣裕著
入門電気・電子工学シリーズ7

入門制御工学

22817-1 C3354　　A5判 176頁 本体2800円

古典制御理論を中心に解説した，電気・電子系の学生，初心者に対する制御工学の入門書。制御系のCADソフトMATLABのコーナーを各所に設け，独習を通じて理解が深まるよう配慮し，具体的問題が解決できるよう，工夫した図を多用

大工大 津村俊弘・関大 前田　裕著
エース電気・電子・情報工学シリーズ

エース制御工学

22744-2 C3354　　A5判 160頁 本体2700円

具体例と演習問題も含めたセメスター制に対応したテキスト。〔内容〕制御工学概論／制御に用いる機器（比較部，制御部，出部力）／モデリング／連続制御系の解析と設計／離散時間系の解析と設計／自動制御の応用／付録（ラプラス変換，Z変換）

奥山佳史・川辺尚志・吉田和信・西村行雄・竹森史暁・則次俊郎著
学生のための機械工学シリーズ2

制御工学 ―古典から現代まで―

23732-4 C3353　　A5判 192頁 本体2900円

基礎の古典から現代制御の基本的特徴をわかりやすく解説し，さらにメカの高機能化のための制御応用面まで講述した教科書。〔内容〕制御工学を学ぶに際して／伝達関数，状態方程式にもとづくモデリングと制御／基礎数学と公式／他

前阪大 須田信英著
エース機械工学シリーズ

エース自動制御

23684-0 C3353　　A5判 196頁 本体2900円

自動制御を本当に理解できるような様々な例題も含めた最新の教科書〔内容〕システムダイナミクス／伝達関数とシステムの応答／簡単なシステムの応答特性／内部安定な制御系の構成／定常偏差特性／フィードバック制御系の安定性／等

熊本大 岩井善太・熊本大 石飛光章・有明高専 川崎義則著
基礎機械工学シリーズ3

制御工学

23703-0 C3353　　A5判 184頁 本体3000円

例題とティータイムを豊富に挿入したセメスター対応教科書。〔内容〕制御工学を学ぶにあたって／モデル化と基本応答／安定性と制御系設計／状態方程式モデル／フィードバック制御系の設計／離散化とコンピュータ制御／制御工学の基礎数学

京大 片山　徹著

新版 フィードバック制御の基礎

20111-7 C3050　　A5判 240頁 本体3600円

1入力1出力の線形時間システムのフィードバック制御を2自由度制御系やスミスのむだ時間も含めて解説。好評の旧版を一新。〔内容〕ラプラス変換／伝達関数／過渡応答と安定性／周波数応答／フィードバック制御系の特性・設計

前阪大 須田信英編著
システム制御情報ライブラリー6

PID制御

20966-5 C3350　　A5判 208頁 本体3900円

PID（比例，積分，微分）制御は，現状では個別に操作されているが，本書はそれらをメーカーの実例を豊富に挿入して体系的に解説。〔内容〕PID制御の基礎／PID制御の調整／PID制御の実用化／2自由度PID制御／自動調整法／個別実際例

工学院大 山本重彦・工学院大 加藤尚武著

PID制御の基礎と応用

23091-5 C3053　　A5判 152頁 本体3200円

基礎的な数式を現実問題と結びつけて明解にし，制御の基本からPIDの実際までを解説。〔内容〕自動制御／ラプラス変換と伝達関数／伝達関数の周波数特性／安定性／PID制御の基本形／PID制御のバリエーション／PID制御のチューニング，他

上記価格（税別）は2003年9月現在